雪国　花ものがたり

雪国 花ものがたり

小川清隆

八坂書房

雪国　花ものがたり

目次

百歳の杜《もり》 9
チャンマイロ 15
ユキワリソウ伝説 23
シュンランの花香るとき 32
アリの運び屋たち 40
コブシは安寿姫の化身 47
トガクシショウマの谷 55
タニウツギは火事花 62
消えたホタルブクロ 69
ホトトギスは明け方に鳴く 77
ウツボグサの混乱 86
ヤマボウシの季節 93

目次

それはクサギの花から始まった　101
オオマツヨイグサは咲かなかった　109
ムシトリスミレとウチョウラン　116
カラタチバナの北限　126
紅葉《モミジ》という女性　134
紙漉きの里　142
フキの葉でふく　149
佐渡ケ島　156
大井沢の村　163
風の森　171

おわりに　179

百歳の杜《もり》

私の子供の頃、我が家がお守りしている神社は草茫々《ぼうぼう》の中に静まっていました。とくに本殿の両側と裏は人が入り込まないこともあって、思い切りよく野草が茂っていました。本殿の建物は、三メートルほども積み上げた土の上に立っていましたが、そこまで這い上がると茂った芝草が上等な「しとね」となって迎えてくれました。本を読むもよく、昼寝をするもよく、時間をつぶすのにはもってこいの空間でありました。

春にはカタクリが一面に生え、ショウジョウバカマにエゾタンポポなんかも、その本殿の日だまりには花を咲かせたのです。

私がもの心つく頃、建物はまだ三十数年しか経っていませんでした。だから神社の裏の斜面の木々たちも同じ程の年だったのでしょう。人は残念ながら年をとるもので、七十を遙かに過ぎた今、昔も変わらずそよ風を送ってくれた木々たちも、百歳を越えてしまったことに私は深い感動を覚えるのでありました。

主要樹はケヤキで、これは神社を建てるとき用材に切られた後のひこばえですが、よく見るとコナラやホウノキ、エゴノキやケンポナシなども混じっていて、ケンポナシの花が満開の季節にはミツバチが群がってワーンという騒音をたてています。

考えてみるとこの杜には、かつて一度も斧が加えられたことはありません。草一本刈られたことがなかったのです。そう遠くない時代、人々がスギを植えることを知らなかった頃の本当の里山の姿がここにありました。

ある年の夏、この高く高く伸び立った木の上に一人の若者が登っていました。若者は、「オーイ、オーイ」と叫んでいました。

「待ってくれ、道が分からないのだ。まだ登るのか、頂上が見えん」

若者は自分にしか見えない空の上の仲間に向かって叫んでいました。

神社の裏の高いコナラの梢に人が登っているのを拝殿の屋根越しに見つけて、私は慌てました。落ちて怪我でもしたら大変です。駆けつけて見ると、男の姿は青く澄んだ空に浮かんで見えました。

声をかけたらかえって落ちるかもしれないと息をひそめて見守るうちに、若者は木の枝をそぎとるようにガサガサと滑り、大木の根元からは斜面をゴロゴロとまるで丸太でも転がすように私の足元へ落ちてきました。

エゴノキ

オカトラノオ

声をかけましたが返事がありません。急いで救急車を呼びました。

「幸い命に別状ありませんでした。普段から言動のおかしかった息子が、あれ以来すっかり治って健康になりました」ご両親がお礼に来られた頃、神社の裏はススキが穂を出し、ヤマモミジが黄色く色づいていました。残念ながらこの辺りのヤマモミジは紅葉しないのです。

神社を大改修して百年祭をしてからまた三年が経ちました。工事の間じゅう、機械が入って土の丘は御影石に変わりました。もうその上には上がれません。無論、昼寝などできません。周囲の千草も根こそぎなくなりました。

私はそんな広場に、境内のあちこちからいろんな木や草を移し植え始めました。昔のように茂るに任せるのではなく、少しは植物園らしくしようと考えたのです。しかし機械で削られた大地は固くてなかなかはかどりません。

そのうち雑草が生え始めました。雑草というのは何と強いものでしょう。この固い大地にしっかりと根を張って伸び立ちます。見ているとそれぞれ種類ごとにまとまり良く生えています。サギゴケにタネツケバナ、ハナニガナ、オカトラノオ、ヒメヘビイチゴと様々ですが、みなそれなりに美しいのです。そんな中にどうして運ばれて来たのか、クリンソウが咲き始めました。何本か赤い花が咲きそろった頃からいろいろ考えるようになりました。

境内に二羽のカラスが棲んでいました。ごみ箱を漁り、ビニール袋に穴をあけます。ある日、軒下のごみ袋に穴をあけ、生ごみを食べ散らかしたカラスを棒で追い立てました。しかしカラスには羽があります。おめおめ人間に叩かれるような間抜けではありません。この日、私たちはカラスの復讐に呆然としました。

我が家の玄関にはヤマドリの剝製が飾ってありました。珍しく雌雄対になった剝製です。その日はちょっと戸を開けたまま外出したのです。僅かな時間でした。帰ってみると剝製はずたずたに引き裂かれて、見るも無残に変わっていたのです。カラスをいじめると仕返しされるのだと教えられたのは事件の済んだ後のことでありました。

カラスはいつも飛ぶとはかぎりません。時には足で歩きます。ハトの小走りの歩き方と違って、カラスの場合お尻を左右にふりながらとことこと歩きます。

歩きながら餌を拾います。カラスは生ごみだけ食べるのではありません。木の実も食べるのです。そうやって歩きながら糞をすると、食べた木や草の種がまき散らかされることになります。

茂った雑草の中に木の芽が伸び始めました。

カラスがどんな木の実を食べるかという報告書があります。アカメガシワにカラスザンシヨウ、エノキなどが記録されています。雑草の間にそんな木々の三十センチほどに伸びたものが生え始めました。見るとクワの木やヒサカキの幼木、カスミザクラやオクチョウジザクラも生えています。これはメジロかなにかの小鳥の糞から生えたのでしょう。

そのうち褐色の小山の周囲にイチョウの芽が伸び出しました。褐色のものはタヌキの糞ですが、タヌキは毎日同じ所に糞をするといい、これを「タヌキの溜めぐそ」というのですが、タヌキのした糞の中の消化しなかったギンナンが芽吹いたのです。タヌキも種蒔きの仕事をしていたのです。クルミが生えたのはリスの仕事です。ヤマモミジとヤナギが生えたのだけは風の仕業だったのでしょう。

何十年か先にここには立派な林ができるのです。私は考えました。それは動物たちと風の林です。

さらに、百年経ったら、と私はまた考えました。動物たちと風との素晴らしい百歳の杜ができあがるのに違いありません。

青い空に百年後の木々の梢を私は思い描くのでありました。

チャンマイロ

教室の隅でユウちゃんが泣いていました。

「誰かにいじめられたの」って聞いてみたのです。

「ううん、おとうちゃんと喧嘩したの」ってユウちゃんが言いました。父と娘と二人っきりだった家庭に、この頃新しいおかあちゃんが加わったばかりです。だけどこの日はおかあちゃんがいなかったのでしょうか。おとうちゃんと二人で朝ご飯の支度をしていたのです。

「あたし沢庵を切ってたんです。そしたらおとうちゃんずいぶん薄く切ってるなって言ったんです。あたし褒められたのかと思って、もっと薄く切ってたら、早くしろっておとうちゃんに怒られたんです」

中学生の微妙な気持ちはなかなかおとうちゃんには理解できなかったみたいです。でも何時もそんなふうに喧嘩ばかりしているわけではありません。

「せんせ、おとうちゃんお料理屋さん始めるみたい」とユウちゃん誇らしげに言いました。

どうやらおとうちゃん、脱サラするみたいです。

「どこで始めるの」って聞いたら、

「親不孝通り」と彼女は答えました。

そのうち「ちゃんまいろ」という一杯飲み屋の折り込み広告が新聞に挟まれてきました。

それがユウちゃんのおとうちゃんのお店の名前でした。

「ちゃんまいろってどういう意味？」ってユウちゃんに聞いたら、

「知らない」ってユウちゃん、あっさりと答えました。

多分、ちゃんまいろというのは、「おとうちゃん、おいで」と客を呼ぶぐらいの意味だろうと私は勝手に考えていました。

半年ほどした暖かい春の晩、私はおとうちゃんの「ちゃんまいろ」というお店を探しに親不孝通りへ行ってみました。あんまり景気の良い時代の事ではありません。人通りも多くありませんでした。行ったり来たり二回ほど歩いたのですが「ちゃんまいろ」というお店はありませんでした。どこかその辺のスナックかなんかで聞こうと思いました。長年の勘で安そうな店が分かります。ドアを開けて入ります。

カウンターの中に中年のママ、スタンドに二人の若い娘《こ》がいます。ビールを頼んで腰掛けました。その時です。

「今晩は。ママ元気かい」って少し古びた中年の男が入ってきました。

「あーら、お久し振り」ってママが顔を上げます。私が入って来た時とは大違いな対応です。男はビールを一口飲むとコップを置いて、カバンの中からカラープリントを三枚出しました。上手にまとめた山菜図鑑です。それを三人に配ります。無論私の分はありません。

「今週の日曜にさあ、皆で山へ竹の子取りに行こうよ。おれ誰も知らない良い山知ってんだ」男はカラープリントを指差します。「ヨシナ（ウワバミソウ）だってウルイ（オオバギボウシ）だってコゴミ（クサソテツ）だって何だって取れるさ」

「行くだろ」って男は三人を見つめます。

「いくーっ」ってまずママが言いました。

「いく、いく」って二人が声をそろえます。その時になってやっと私は何のためにこの店へ入って来たのか思い出しました。

「この町に、〝ちゃんまいろ〟って飲み屋はないかしら」三人は顔を見合わせました。

「潰れたよ」と男はいとも簡単に言います。

「どうして」と聞いてみました。

「女の子置かないで男が一人で飲み屋やったって誰も行かないよ」なるほどそれも道理で

す。

「ところで、〝ちゃんまいろ〟ってどういう意味だろう」と私は山菜博士を問い詰めます。

「ちゃんまいろってのぁなあ、この地方じゃあ男の子のオチンチンの事をチャンメロだのチャンマイロっていうんだよ」三人の女たちは口をそろえて、

「いやだー」って言いました。

山菜博士は続けます。

「それでフキノトウの顔を出したばっかのもんも子供のオチンチンに似てるだろ。だからチャンマイロっていう事もあるのさ。〝ちゃんまいろ〟という店の名前はフキノトウから付けた名前だと思うよ」

私はこの男をいくぶん尊敬し始めている事に気がつきました。しかし、何時までこの店にいてもこれ以上誰も相手にしてくれそうもありません。私は退散することにしました。

親不孝通りは生暖かい春の宵です。赤提灯の行列は演歌でも聞こえてきそうな風景でありました。

それにしても、ユウちゃんのおとうちゃんはどうしたのでしょう。また毎日ユウちゃんと喧嘩しているのでしょうか。

私の方は〝ちゃんまいろ〟の事を忘れたわけではありませんでした。

私は会う人ごとに〝ちゃんまいろ〟はどういう意味か聞いてみたのです。しかし誰も明快な答えを出してはくれませんでした。


学校のお昼時、用務員のカンおばさんがフキノトウのゴマあえを作って来てくれました。初ものはとても美味しいのです。御飯にのっけて食べていたら、カンおばさんが言いました。

「せんせぁ旨そうに食う」ですって。それから続けます。

「フキノトウにはアワとコメって二とおりあんだそえな」と言いました。

「花の白いのがコメっていって旨いんだ。黄色いのぁアワっていってモクモクして旨くねえそえ、昔っから採らねんだ」

おばさんの話を聞いて私は考えました。

昔の人は良いことを言ったものです。多分黄色いのは雌花なのでしょう。雌花を採らなければフキの株が増えるはずです。ゼンマイも胞子葉を男ゼンマイと呼んで、固いからと採りません。これもゼンマイを絶やさないための先人の知恵なのだろうと私は感心しました。

しかし春も終りの頃、これは私の一人よがりの考えだったと気づかされました。

我が家の庭にもフキノトウが生えていました。しかも白い花の株と黄色い花の株と両方ありました。これを観察するのは簡単です。はたして黄色い花が雌の株なのでしょうか。毎日眺める事にしました。

最初、黄色い花のフキノトウと白い花のフキノトウは同じ大きさで並んでいました。しかし次第に伸び方が違ってきました。白い花のフキノトウはどんどん伸びてゆきます。それに比べて黄色いフキノトウは十センチほどに伸びたところであえなくダウン、枯れてしまいました。

白い花のフキノトウは伸び続けます。ついに三十センチにも伸びて真っ白い冠毛のついた種をたくさんつけました。暖かなそよ風の中で冠毛のパラシュートをつけた種たちは旅立って行きました。白い花のフキノトウの方が雌の株だったのです。

目が覚めた思いで私は知りました。黄色いフキノトウを採らないのは本当に旨くなかったからなのです。男ゼンマイを採らなかったのは本当に固かったからです。

山の村の人達は科学者でもなければ、教育者でもありません。正直に生きています。思った通りに生きてきたのです。

フキノトウ

フキノトウ

チャンマイロの話もとうとう大詰めにきました。

ある日、私は図書館で一冊の本を見つけました。黄色くて厚い背表紙には『西頸城郡誌《にしくびき》全』と書かれています。昭和五年の発行です。

その中の方言のところに、蕗《ふき》の薹《とう》の事として冬の間、家族を雪から守ってくれたおとうちゃんに、春一番に摘んだ蕗の薹を捧げようと「ちゃんまいろ」の名前となったとありました。暖冬異変といっても、雪深い山の村は来る日も来る日も雪が降り続きます。ちゃんはずっと朝から屋根に上がりっ放しで雪と格闘し続けたのです。

三月の半ば過ぎ、一番初めに土が顔を出すのは川の岸です。土も暖まって、そこにフキノトウが頭をのぞかせました。

「チャンマイロだ」

少年は顔をほころばせました。足元に注意しながらやっとフキノトウを摘みました。それから、ゆっくりと雪の壁をよじ登って帰って行きました。

今、フキノトウの事を昔はチャンマイロと呼んでいたとは誰も知りません。チャンマイロという言葉はすでに死語となってしまっていたのです。

ユキワリソウ伝説

二月のある日、テレビの支局長をしていたKさんから電話がかかってきました。

「先生、ユキワリソウが咲きましたよ。佐々成政《さっさなりまさ》が真冬の立山越えでユキワリソウを見たという話は本当かもしれませんね」

「ちょっと待って下さいよ」と少し私は慌てました。

「茶の間かなんかで咲いたんじゃないんですか」と聞きかえします。

「いや、庭で咲いたんですよ」とKさんの鼻息は荒いのです。

うやむやのうちに電話が切れました。「冗談じゃないよ」と私はつぶやきます。

「雪の少ない新潟の日当たりの良い庭先に咲いたといったって、相手は立山なんだ。何メートルもの積雪の下でユキワリソウが咲くもんか」

佐々成政のユキワリソウ伝説はざっと次のような筋書きです。

信長亡きあと、成政はその恩顧を忘れませんでした。彼は立山を越えて浜松へ行き、家康に秀吉討伐の進言をしたといいます。

この雪中の立山越えで成政はユキワリソウの咲いているのを指差し、
「このようにか弱い草花さえ花咲くのに、これしきの積雪に臆すとはなにごとか」と激しい降雪にひるむ将兵を励まして峠を越えて行ったと伝えているのです。

しかし、このユキワリソウについては異説もあります。私のお師匠さまの古典植物研究家松田修さんは、
「キンポウゲ科のユキワリソウではなくサクラソウ科のユキワリコザクラとする説もある」と書いています。図鑑によってはユキワリコザクラをユキワリソウと書いているものもあるのです。

キンポウゲ科のユキワリソウというのは、朝市などで早春に売られているユキワリソウで、越後のものはオオミスミソウとされています。

しかし、キンポウゲ科のユキワリソウであれ、サクラソウ科のユキワリソウであれ、冬の立山では花を見せることはできないに違いありません。

遠藤和子さんの著書『佐々成政』では、成政が富山城を出発したのは十一月の二十三日、現在の暦では十二月二十四日と書かれています。暦の上ではどちらのユキワリソウも咲ける季節ではありません。

そのうち私は長野県の大町あたりでショウジョウバカマのことをユキワリソウというと知りました。ショウジョウバカマなら十二月の末になれば車状の葉の真ん中に蕾の集まりをのぞかせていることもありそうです。

年に何回か開かれる東京の仲間の集まりで私も講演をする事がありました。会場は国立教育会館です。その時の題は中部地方の植物伝説でした。私は佐々成政の立山越えの話もしたのです。その時の私の説はショウジョウバカマ説でした。

講演が終わってスライドなどを片づけていると、黒っぽい服装の婦人が私の前に立ちました。

「佐々でございます」と婦人は言いました。私は慌てて、

「ささささんですか」と言ってしまいました。

「いいえ、さっさと発音しますの」

「すみません。さっささん」と私は言い直しました。

婦人は言葉を続けます。

「成政が切腹しましてから、子孫は鹿児島と東京に残っておりました」婦人は東京の佐々家のご当主夫人でありました。もっともご主人の子爵さんはすでに亡くなられていましたか

ら未亡人でありました。

夫人の名は佐々いさ子さん。佐々家の奥方さまであったのです。

「成政の悪口をおっしゃいませんでしたので感謝しております。早百合《さゆり》姫のことがございますでしょう。だから私なぞ、お嫁入りの時には百合の模様のついたものはどんな小さなものでも持ってきてはいけないと言われたものですの」

お読みになられる方のために早百合姫の伝説を話す事にしましょう。

豪勇無双の佐々成政、城に帰るいとまもなく戦場から戦場へと駆け回っておりましたが、その成政に早百合姫という美しい愛妾がおりました。成政の長い留守の間に早百合姫は城の若侍と愛し合うようになったと噂されました。これを知った成政は河原の木に姫を逆さにつるし鮟鱇《あんこう》のように切り殺したと伝えています。

この時、姫は無実の罪であると訴えますが聞き入れられず。

「末代まで祟ってやる」と呪いの言葉を吐き、「やがて立山に黒い百合の花が咲くであろう。その百合の咲く時が佐々家の滅びる時ぞ」と叫んで息絶えたと伝えています。

しかしこうした出来事は事実ではなく、成政の悪評を広める敵方の謀略であったと遠藤和子さんは述べています。この本は佐々さんにいただいたのです。クロユリの伝説については長くなりますから省略することにしましょう。

常務理事の私は毎月の例会にはなるべく出席するようにしています。例会には様々な植物の研究をしている学者が講演をするのでそれが楽しみでもありました。その度、佐々さんに会いました。

そのうち私が童話作家小川未明の資料を展示した小さな文学館を持っていることを知った佐々さんは、雑誌「赤い鳥」を会合の度に持ってきて手渡して下さるようになりました。

それは復刻本などではありません。佐々さんが子供のころお父さんに買ってもらった「赤い鳥」で佐々家に嫁ぐ時に持って来たものでした。

「年をとりましてからまた読み直しておりますの。読み終わったものからあなたの文学館に寄贈しますから受け取っていただけませんかしら」

その頂いた「赤い鳥」を私は未明文学館に展示しました。そのうち佐々さんは食道癌になり手術することになりました。

「これがお別れかも」と彼女は心細げに言います。私はお守りと高田名物大杉屋の水飴を送りました。

半年もすると佐々さんは元気になってまた出席されるようになりました。

「手術室へあのお守りをしっかりにぎって入ったんですよ。手術のあと何にも食べられなくて、毎日水飴だけいただいておりましたの。助かりましたわ」

そのうち樺色のカーディガンが送られてきました。彼女のお礼ごころだったのでしょう。暖かく着させていただきました。

彼女を中心にして佐々成政の会ができています。富山市の菩提寺で法要も行われているようでした。そんな方たちが我が家の未明文学館へも視察に来られたりもしました。

ある暖かい夜でした、私は夢を見ていました。

私は周囲を雪の壁に取り囲まれた大地に立っていました。月がこうこうと空にかかっています。その光で見覚えのある峰が真っ白に輝いていました。立山にいるのだなと私は思いました。

地面は温かくそこだけ雪が積もらないのです。

目が覚めました。

はっと気づいて私は飛び起きました。それから立山の載っている地図をみんな並べて見ま

ユキワリソウ

立山

した。立山の奥に温泉の印がないか探したのです。いや温泉でなくとも良いのです。地獄谷のような地面が温かく雪の積らないような所なら、真冬でもユキワリソウが咲く可能性があるかもしれません。

佐々成政が立山越えをしたルートには諸説ありますが、その道は夏の間、越中の塩が信濃に運ばれる塩の道であり、忍びの者が通る道でもあったといいます。

しかし地図には温泉の印は室堂あたりに描かれているだけです。地面の温かい所までは分かりません。

この思考の過程でショウジョウバカマは当たらないことに気づきました。ショウジョウバカマをユキワリソウと呼ぶのは信濃の人達なのです。越中の人達の伝承と思われるこの話にショウジョウバカマがユキワリソウとして登場はしないでしょう。

立山の植物を書いた本にはキンポウゲ科のユキワリソウは載っていません。ただ富山県全域の植物を書いた本には谷々の奥までユキワリソウが咲くことが記されていました。

もう一冊の遠藤和子さんの同名の本（この本も佐々さんがくださったのです）には立山杉の年輪の調査からこの年は暖冬異変で例年に比べて暖かかった事が分かっていると書かれていました。

十二月の末とはいえ、火山地帯という立山の特殊な環境と暖冬異変とに助けられたとすれば、室堂あたりの登りか、信濃を目の前にした針ノ木峠あたりでユキワリソウが咲いているのを成政が見たかもしれません。私には跪いてユキワリソウを見ている成政の姿がありありと夢想されたのでありました。

その後、佐々いさ子さんには一年ほどもお会いしていません。お体の具合が悪くなられたのでしょうか。

戦後、爵位は世襲ではなくなりました。佐々いさ子さんは佐々家最後の子爵夫人でありました。

シュンランの花香るとき

昔、春は山仕事が盛んでした。年中山暮らしの炭焼きの者達は別として、村の男も女も雪の消えないうちから競うように山へ入ったのです。

雑木を切って焚木作りをしなければなりません。太い幹は斧で割り、枝の部分も薪と同じ長さに切りました。これは「ぼい」と呼んだのです。さらに細い枝の部分は「柴」です。こうしたものは夏まで積んでおいて乾燥させ、一年分の燃料としました。

雪に押されて倒れてしまったスギの木を起こす仕事もありました。あるていど太くなったスギを起こす時は、よほどの力がないとできません。時には夫婦で力を合わせて引っ張ります。力が足りない時は滑車を使って引っ張りました。

春日山のように松林の多い所は山林を持たない里の人達が下刈りに入りました。山の持ち主にお金を払って下刈りの権利を買い、前年に伸びた柴木を刈り払い、落ち葉をかき集めて束ね、これも一年分の燃料にするのです。

そうやって綺麗さっぱりと散髪でもされたみたいな松林の下は、春も盛りとなるとあらゆる花が一斉に咲きだします。

とくに見事なのはオオイワカガミの群生で、ほかのイワカガミの仲間が高山や高原に多いのに、このオオイワカガミだけは本州の日本海側の山地に生えるのです。

オオイワカガミは直径十センチ以上もある真っ赤な葉を広げ、筒型の小さな赤い花を十個以上も房のように咲かせるのです。

シュンランはこうしたオオイワカガミと少し離れて、幾分峰近い乾燥ぎみの所に生えました。

私たち一家はこの頃シュンランの花摘みにいそしんだのです。どの斜面も、どの峰ぞいの道の辺もシュンランの花が細長い葉の間から顔を覗かせていました。

摘んだシュンランの花はたっぷりと塩を使って漬け込みます。花が充分漬かった頃、花だけ取り出して、改めて瓶に入れて置きます。

このランの花は山へ上ってきたお客のお茶に入れてあげたのです。当時は観光などという言葉はあまり使われませんでしたが、それでも時には遙かに遠い土地から尋ねてくる旅人もいたのです。そんな人達はふくいくとしたランの香りを絶賛するのでした。

時にはこのランの塩漬けは父の義兄にあたる未明の所へ送られて行くこともありました。

そのころ父はどこからか葉に白い縞の入ったランをもらって来ました。山のものより葉の細いランで、春に花が咲くと緑の花びらにも白い縞が入っていました。もっともどうしたものか、時には赤みのある花を咲かせることもありました。

父は自慢で一株一株鉢を増やしてゆきました。

未明が帰省した時には今も残る二階の一間で、私たち家族にお給仕されながら父と酒を酌み交わし、ランの自慢話に花を咲かせたのです。

未明もランが好きで自慢のランを育てていました。シュンランのお茶に、未明は少年時代に思いをはせることも多かったのでしょう。

未明は親友の森成麟造と二人で石器や土器に夢中になっていた時代がありました。二人で遺跡や城跡を尋ねて歩く事も多かったのです。そんな事で未明はずいぶん春日山も歩いたはずです。未明を春日山城の研究者といっても過言ではないと思います。

帰省する度に未明は私の兄や母をつれて春日山へ上がりました。そして、「ここで矢じりを拾った事がある」などと話したのです。

未明の作品に「らんの花」という童話があります。以下、私のまずい文章で恐縮ですが筋書きを紹介することにしましょう。

父の残したシュンラン

オオイワカガミ

ある詩人が作者に語った話としてこの物語は進展してゆきます。

主人公の私は中華料理店へ度々行くのですが、白いランの花の入った支那茶の香りに魅了されます。

ランに興味を持つようになった私は陳列会にも出かけるようになるのですが、そこに展示されているランがみんな大変高価なのに驚きます。しかし、白い花のランには一度も出会いませんでした。

そこで私は考えます。自然の美というものが、はたして、金で買えるものなのでしょうか。

今度は骨董屋の主人の話です。私が骨董屋にいると、一人の男が入って来ました。男は主人から翡翠の根掛けを見せられて売れと言うのですが主人は売りません。

主人は私にわけを話してくれました。

「こんな商売をしていると、生涯二度と手に入らないと思うものがまれにありますよ。そんなときは損得をはなれて、別れがさびしいものです。そんな時、金というものが憎らしくなります」

美というものは、金に関係ないものだと私は気づきます。

次の話は私がランを売る店先で聞いた話です。

一人の男が高額な白いランを手に入れます。毎日仕事もせずに眺めているうちに憂鬱病にかかって死んでしまったというのです。

人間が自然を私しようとするとそこには悲劇が生まれるものだと私は知りました。

ある時、私は友人の家を訪ねました。友人はランの花の入った香りの高いお茶を出してくれたのです。見ると中に白いランの花が入っていました。

それは故郷から送られて来たランの花だと友人は言いました。私はその山の場所を友達から聞き出したのです。

私は金で自然を買ってはいけないと思いながらも、一方では一万円もするランに出会うかもしれないと考えました。

そしてとうとうその山へ出かけて行きました。

所々雪の残る山、生気みなぎる木々、フキノトウが芽生え、イワカガミの花が美しく咲いています。

白い雲が谷を見下ろしながら流れてゆきました。

その時私ははっきりと雲の声を聞いたのです。

「花は、神様に見せるために咲いているのだ。花を愛するならランを取ってはいけない」

以来男はランより大空を行く雲を愛するようになりました。

未明のこの作品は昭和十五年十月に三友社から本になって出版されました。

フキノトウが芽生え、イワカガミの花が美しく咲く山というのは、未明の心に浮かんだ春日山の風景に違いありません。

春日山にはオオイワカガミの咲く頃に谷筋にはフキノトウも顔を出すのです。

やがて暗い戦の時代がやってきました。いつか私たち一家はランの花摘みをしなくなりました。

父のシュンランは十株ほどになっていました。あまり手入れをしなくなったからです。

ある時一人の男がやって来ました。そして言ったのです。「お宅には素晴らしいランがあるんですってね」

「いいえ詰まらんものですよ」と母が答えました。

「へえーそうですか妻ランですか珍しいものでしょうな」

母は返事に困って庭へ案内しました。

男は珍しい珍しいと繰り返して、

「一株いただけませんか」と言ったのです。

「もうこれだけしかありませんから」そう言って母は断りました。

男はいかにも残念そうに山を下って行きました。

アリの運び屋たち

四月も半ばになると山の上の我が家の広い庭で、クロオオアリと思われるアリの働きアリたちが巣作りを始めます。丈夫な顎で噛みとった土の塊をくわえて、巣穴の入り口に円形に積んでゆきます。穴を中心に広がる新しい土は、ゆるい傾斜で外へ向かってせりあがり、十センチほどの円形となります。

すると今度は巣の回りで少し体の大きい兵隊アリと働きアリが戦いを始めます。体の大きい兵隊アリの方が勝ちそうに思うのですが、彼等は足を踏ん張っているだけで、みんな働きアリに殺されてしまうのです。兵隊アリたちは自分たちの殺される運命を知っていて、足をふんばってその事にじっと耐えているように思えてなりません。

「またどこかの国で戦が始まるかのう」後ろで見ていたお婆さんがそう言いました。

私の子供の頃、童話作家の未明の両親が私たちと一緒に住んでいました。私は未明の両親をお爺さん、お婆さんと呼んでいたのです。

お婆さんはどこか遠くで戦争が始まる前には、アリが戦を始めて人間どもに教えるのだと言ったのです。

兵隊アリの武装解除が終わると今度は、羽のある二センチほどの大きい女王アリと、やはり羽のある一センチほどの雄アリがしばらく巣の回りに群れていますが、五月の暖かい日を選んで結婚飛行に飛び立ってゆきます。結婚飛行が終わると雄は死んでしまい、女王は羽を落として巣穴にできそうな柔らかい土の窪みを探して歩き回ります。

こんな女王アリを見つけたら土の入ったシャーレに入れておきます。するとやがて女王アリは卵を生み一人で世話をして育てます。初めに生まれてくるのは働きアリで、後から生まれてきた卵の面倒を見るのです。

このクロオオアリたちは十匹ほどで偵察に歩き回っていることがあります。餌の虫などを探し回っているのでしょうか。

ある日のことです。この平野（庭のこと）の一角から真っ黒い集団が押し寄せて来ました。先頭には一匹のリーダーが走ります。続く集団は後ろほど広がり放射状に続きます。

これぞアリの社会で最も恐れられるサムライアリの拉致集団です。見ているとつぎつぎとクロオオアリの巣穴にもぐり込んで行きます。巣穴の周囲には兵隊アリがいるのですが、うろうろするだけで何の役にも立ちません。やがてサムライアリたちはつぎつぎとクロオオアリの卵や幼虫をくわえて運び出します。こうして拉致された卵や幼虫たちはサムライアリの巣の中で一生働かされるのだといいます。

長い間この平野を見続けた私も、こんなところに遭遇したのはこれ一回だけだったのです。もっとも大人になってしまった私には、子供の頃のひたむきに自然を見つめる目が失われてしまっていたのかもしれません。

この時、もし未明のお母さんが生きていて一緒に見たとしたらきっと、

「またどこかの国が人さらいを始めたかのう」なんて言ったかもしれません。

当時は拉致なんて言葉は知りませんでした。しかし人さらいという言葉はよく使われました。さらわれた子供はサーカスに売られるのだと聞かされたのです。けれどもこれは山の村の親たちが、近くの町にサーカスが来た時に、行きたいとせがむ子供たちを諦めさせる口実であったのかもしれません。

クロオオアリのようなアリが植物の種子を運ぶと教えられたのは昭和三十年の頃でした。奥多摩地方にタマノカンアオイという植物が生えています。

「この紋所が目に入らぬか」と助さんだか角さんだかが黄門様に促されて、突き出す印籠に付いている紋がフタバアオイだと思うのですが、その仲間のカンアオイはみなアリに種子

を運んでもらっていると習ったのです。

しかしアリは川を渡る事ができません。カンアオイの仲間は川があるとそこで分布が途切れると教えられたのです。だから多摩川からこちら側にはタマノカンアオイは生えない、とやはりその時教えられました。

カタクリの種子には種枕《シュチン》というアリの好きなものがついているので、アリはこれを巣に運んでゆき、やがて邪魔になって巣の外へ運び出し、それからカタクリは芽を出すのだと教えられたのは二十年ほども前だったでしょうか。こうして植物の中にはアリに種子を運んでもらって分布を広げてゆくものも多いのです。

足のない種子たちにとってアリは頼りになる運び屋でありました。


「京大のK君は僕の高校生時代の同級生なんだよ」と日本植物友の会の副会長のN君が言いました。N君は北海道は運河で有名な小樽の出身です。高校時代K教授と一緒に植物採集に夢中になった仲間だといいます。K教授は今や最先端をゆく植物研究の大家です。彼は植物の種子がアリによって運ばれることも研究していました。そんな話をしてもらおうという事になりました。無論交渉役はN君です。

小柄でしかしでっぷり太って頭髪の薄いK教授は息を切らしながらやって来ました。カタクリの研究家でもあるK教授はカタクリを題材に話を進めます。カタクリの種子の端にはエライオソームと呼ばれる瘤のようなものがついています。アリはここに引きつけられて種子を巣に運んで行くのです。

どうやらエライオソームはアリの幼虫に似た匂いを出すらしく、自分たちの幼虫と思って巣に運び入れるらしいのです。しかし時間が経つと匂いがしなくなります。こうなると種子はもうごみに過ぎません。アリは種子を巣から遠くに運び出します。

こうしてカタクリは生活圏を広げてゆくのです。

日本にはエンレイソウやフクジュソウ、スミレの仲間など二百種ほどがアリに種子を運んでもらっているといい、南アフリカでは千種の植物が、オーストラリアでは千五百種もの植物がアリのおかげで子孫を増やしているというのがK教授の講演の要旨です。

講演が終わると飲みに行こうと教授が誘います。N君とは少年時代からの友達です。私もN君とは何度も外国を一緒に歩いた仲間です。すっかり親しくなってついて行きました。

K教授が得意になって連れていってくれたお店には、教授の姪がアルバイトで働いていたのです。演歌歌手になるのが彼女の夢で、レッスンに通いながら働いているというのです。

カタクリ

アリの巣穴とアリたち

どうりで教授が得意になって行くはずです。

お前も歌えと教授がいいます。ついに私も「北国の春」をつぶやくように歌い出しました。歌っているうちに我が家の庭が目に浮かんできました。カタクリにショウジョウバカマ、そしてユキワリソウ。それらは皆我が家の私の友達です。そんな友達に急に会いたくなりました。私は最終電車に間に合うように店を飛び出しました。

少年の目を失ってしまった私にはもうアリがカタクリの種子を運んでいる所を見つける事はできないようです。しかし状況証拠なら見ることができました。

我が家の南は崖になっていてほとんど陽が当たりません。しかしそこに生えたユキワリソウが少しずつ増えていくのを私は知っていました。

小さな芽が親の株より上に生えだすのは何者かが運んだ証拠です。これは明らかにアリの運び屋の仕事でありました。

コブシは安寿姫の化身

もう十五年かそれ以上も昔のこと、舞鶴に住んでいるSさんから空の牛乳パックにミズゴケと一緒に詰め込まれた小さな木の苗をもらいました。私はそれを庭の北側に植えました。南に建物がありますが、苗までの間は充分あいていて、およそ半日は陽が当たります。

送り状の説明にはコブシと書かれていて、舞鶴地方ではコブシは安寿姫の化身と伝えられているとあったのです。しかしどう見てもこの苗はコブシではありません。出てきた葉はタムシバにしか見えなかったのです。それでもせっかく頂いた木ですから、安寿姫の化身というところだけは信じることにしたのです。

コブシもタムシバも安寿姫が合掌したような可愛い白い蕾《つぼみ》をつけ、やがて花開きます。ただコブシは太平洋側に生える木で舞鶴にはないはずです。タムシバは噛むと甘いといい、噛む柴からタムシバになったといわれ、これは日本海側に多いといわれています。

今では安寿の木は三メートルにもなりました。茎も途中から二本に分かれ、無数の枝々の先には柔らかな鼠色の毛に包まれたふっくらした蕾を一つずつつけています。しかし、春になる度、どの蕾も不思議なことに北へ北へと頭を向けて傾きます。

「安寿さん、そんなにあなたは故郷の岩城が恋しいのですか」と私は言ってみます。

そのうち綿毛の先が割れて、真っ白な安寿姫のほっそりした手のような蕾が無数に出てきます。

こうして安寿姫の化身は満開となるのでありました。しかし、満開の時間は意外と短く数日で褐色に変わり散ってゆきます。

「安寿さんまた来年までさようなら」


永保の頃であったといいます。直江の津の應化の橋のたもとに一人の女が侍女と幼い姉と弟を連れてたたずんでおりました。女は岩城の判官正氏の妻で正氏が城主の逆鱗にふれ、西国に流された後を追っての旅の途中でありました。

そこへ山岡太夫という強欲な男が現れて親子をだまし、人買に売ってしまいます。山岡太夫は後に己の非情なおこないを悔い、仏の山岡太夫といわれるまでになりました。今はその石像が上越市寺町の妙国寺の境内に祠られている事をつけ加えておきましょう。

丹後の山椒太夫に売られた安寿と厨子王の苦難は、森鷗外の小説『山淑太夫』で良く知られていますが、『日本伝説大系』によれば二人は和江の国分寺を目指して逃げ、途中の谷に隠れてギボウシの葉を杯のようにして水杯を交わしたといいます。

ようやくの事で国分寺にたどり着きますが、すぐに追っ手が迫ります。二人は経文の入ったつづらに隠され、夜陰にまぎれて和江のハッチョモン（佐藤八右衛門）とジョモン（石間次右衛門）に守られて国分寺を逃げ出します。しかし、衰弱しきっていた安寿は途中かつえ坂で死んでしまいます。村人は安寿を哀れんでそこに塚をつくりました。その後この塚の周囲にはコブシがたくさん咲くようになったのです。

人々はコブシを安寿姫の化身であると語り伝えたのでありました。

これもずいぶん昔の話です。私はコブシを確かめようと舞鶴に向かいました。しかし舞鶴ではSさんに会えませんでした。

私は車を西へ西へと走らせます。途中小浜から名田庄村を通り美山町、園部町と抜けます。季節は四月の初めで、山はどこも萌黄色に染まっています。その萌黄色の中に筆に白い絵の具をたっぷりとつけてぽんぽんたたいたような木立ちがありました。白い花を満開に咲かせているのです。しばらく眺めているとお爺さんが通りかかりました。

「ありゃあコブシだ」とお爺さんは立ち止まらずに言いました。

再び私は走り出します。滝野町から中国自動車道にそって二級国道を走りました。ついに安富町まで来ました。思いついて雪彦山を目指します。

山の麓にキャンプ場がありました。山仕事をしているおじさんがいます。やはりここでも白い花を満開につけた木々が立っています。おじさんに声をかけてみました。

「むかしゃあ、ワラビもたくさん取れたが杉の植林が始まってから何にも取れなくなったな」

なるほど、山を取り巻く低い所はみんな杉林です。白い花の咲く木々の所までは登れそうもありません。

「ありゃあコブシだ」おじさんはこともなげに言いました。

私はここから引き返すことにしましたが、あの白い花の正体を見ないうちは帰れません。苦労して何か所か山へ登りました。調べた結果どこの山の白い花もみんなタムシバであったのです。

大学を卒業した年、私は米山の東の村に赴任していました。無形文化財の綾子舞の伝承さ

タムシバ

北を向くタムシバの蕾

れている村です。踊り手は中学生です。

「ほら見てごらん」同僚の先生が窓の外で遊んでいる少女を指差しました。

「あの子も無形文化財なんだよ」

埴輪のような目をした少女が遊んでいました。古代の女性の目だと私は思ったものです。

その綾子舞を指導しているMさんが炭焼をしているところに出会った事がありました。

その辺りにいっぱい咲いているタムシバをMさんはやはりコブシだと言ったのです。Mさんは間違っていると、その時は聞き流した言葉を今私は噛みしめていました。

戦後、能登半島の付け根の森を切り開いて入植した農家を訪ねた事がありました。この人もやはりタムシバの事をコブシと言ったのです。

田子倉ダムの手前でタムシバを折りとって歩いていたおばさんもやっぱりコブシだと言いました。

私の頭の中でこの不可解な問題に解答を出す準備が整ってきました。

日本にはコブシと呼ばれる植物が二種類あると私は気がつきました。それは太平洋側に分布する図鑑上のコブシと、日本海側に分布の中心を持ち、大昔から野山で働く人々にコブシと呼ばれていたもう一つのコブシです。そのもう一つのコブシの、図鑑上のタムシバという名前を安寿姫の化身の名前とするのはなんとも悲しい事でありました。

再び春が巡って来ました。私は安寿姫の伝説の地を訪ねる旅に出ることにしました。まずはもう一度舞鶴を目指します。安寿が山椒太夫に額に焼き印を押されそうになったことがありました。その時近くのお堂の観音様が身代わりになってくださったと伝えています。その身代わり観音の境内へ私は入って行きました。ふとどこかで汚物の匂いがしました。庫裏のトイレの外で腰を曲げてお婆さんが糞尿を汲み出していました。観音様の扉は開きません。中を見れないままに私は匂いの風に送られて境内から外に出ました。

近くに偉くなった厨子王のためにさらし者にされた山椒太夫が繋がれた松の木が立っていました。山椒太夫はここで通行人に竹の鋸で首を切られて死んだと伝えられているのです。竹で作った鋸というのは罪人を長く苦しめるためだといいます。けれど松の木はまだ十年も経っていません。それも立ち枯れていました。そばに五年ほどの若い松が植えられていました。何代目かの松の木は心細げに立っていました。山椒大夫の怨念がこもっているかもしれない松の木です。枯れたらなくしてしまえば良いものをと私は不思議でなりませんでした。

佐渡の鹿浦にある安寿姫の碑も見に行きました。別伝によると、ここでは無事に丹後を逃れた安寿が目の見えない母に巡り会います。

目の見えない母は我が子とは知らず、いたずら者の里の子供よと打ち殺してしまうのです。二度も殺されてしまう安寿は何とも悲しい少女でありました。

今年も安寿姫の化身のコブシは蕾を北へ向け始めました。暖かな陽光に照らされて蕾の南側だけが早く伸びるために北へ向くのだと知ってはいても、私はいつもそんなに岩城が恋しいのとつぶやくのでありました。

トガクシショウマの谷

家内の実家は妙高市の新井にありました。家内の父が病気になり入院するようになってから、それまであまり行き来のなかった親戚も病人を見舞うようになり、ついでに家にも立ち寄るようになりました。私たち夫婦も足しげく通うようになったのです。

そんなある日。やがて還暦を迎えるお年頃と思われる女性がやって来ました。家内とお互いに名前を名のりあって、あらまあと顔を見合わせます。

「あなたはさっちゃんなの?」

「あなたふうちゃんね」二人は抱き合わんばかりに手を取りあいます。

二人の思い出話は尽きません。

「あなたのお父さんが、ほら、笹ケ峯の発電所に勤めていた頃」と家内が言います。

「そう、あの頃はみんなで発電所に住んでいたんですものね」

二人はその当時の思い出にひたっています。それがいつ頃の事だったのか聞いているとだんだん分かってきました。

私は二人の会話に加われずに聞いていましたが、記憶の糸をたどりながらこのもの静かな女性に昔会ったことがあることに気づいたのです。そう、あの真っ赤なほっぺの少女に。

昭和三十九年の春のことでありました。

「トガクシショウマが咲いたから見にお出で」と高田高等学校の平松校長先生から電話がありました。出かけてみると私だけではなく何人かの仲間が集まっていました。たった一輪だけ咲いたトガクシショウマの花に皆は溜め息をつきました。何という魅力のある花でしょうか。赤紫のその花は、かつて戸隠の奥社の入り口にたくさん咲いていて、それからトガクシショウマと名づけられたといいます。しかし今は戸隠に見ることはなく、笹ケ峯周辺に僅かに見られるだけになったと聞きました。だからたくさん咲いている所が見たいなというのは皆の思いでもありました。

その席で昭和天皇さまがトガクシショウマを見るために笹ケ峯の奥の真川の上流を訪ねられると聞かされたのです。

案内役は平松校長さんと私のお師匠さまの吉川純幹先生だとのことでした。相手が天皇陛下さまでは私などの出る幕ではありません。しかし、見たいものは見たいのです。

「こっそり先に行って見てしまえ」私はまるで江戸城に忍び込む鼠小僧のような気になって出かけることにしたのです。

四月の末の一日、私は杉の沢行きのバスに乗りました。本当は笹ケ峯行きのバスに乗りたかったのですが、この季節のバスはまだ途中の杉の沢までしか行っていませんでした。バスを降りてから私は考えました。バスの通る道より谷川に沿った道がずっと近いに違いありません。杉の沢発電所の裏の丘にトロッコ道があって、それが笹ケ峯まで通じている事を私は知っていました。それは営林署が笹ケ峯からブナ材を切り出して運ぶためのものだったのです。その歩きにくいトロッコレールの道を私は登って行きました。

新緑の萌える素晴らしい春の日です。小鳥の声、美しく咲く花の数々、私は我を忘れて歩いていました。

行く手に大きな岩がせり出していました。そこまで行くと突然岩の向こうから「ケラケラ」と笑う女の声が響きました。あまり突然の事なので私は仰天しました。

岩の向こう側の道端に中年の女性と中学生くらいの女の子が腰をおろしていました。私の驚いた様子に母親は気がついたらしく、

「ごめんなさい」と詫びてから、

「久し振りで町へ行くもんですから、この子ったらはしゃいで仕方ないんですよ」と言いました。

「どこに住んでいらっしゃるんですか」と聞いてみました。

「この上の発電所の社宅に住んでいるんですけれど、今はまだバスが通っていないもんですからこの道が近道なんですよ」

なるほどそうでもなければこんな所で出会うはずはありません。しばらく立ち話をしてから私はこの真ん丸な顔の真っ赤なほっぺをした少女と別れたのです。

それからさらに私は登り続け、発電所までたどり着きました。しかし我が家からは列車に乗りさらにバスを乗りついで来たのですから、発電所に着いた時は夕方になってしまっていました。このまま目的地まで歩き続ければ、今夜は野宿しなければならなくなります。残念ながら引き返すよりしかたがありませんでした。

帰る途中であの親子が発電所に帰るのに出会うかとも思ったのですが、町へ泊まったのでしょうか、会うことはありませんでした。

昭和天皇さまが真川の上流の谷でトガクシショウマを御覧になられたのはこの年の六月十日の事でした。

トガクシショウマ

当時の笹ケ峯発電所社宅

秋になりました。その頃の私は暇さえあればお師匠さまの後について歩いていました。歩いても歩いても見たことのない植物は尽きません。まだ見たことのない植物を求めて、私は際限なくお師匠さまの後について歩きました。

ある日、私は天皇さまがトガクシショウマを御覧になられたあの谷へ私を連れて行ってくれないかとお師匠さまに頼んでみました。

そこは真川橋から川沿いに登った氾濫原で、ミズバショウやリュウキンカの湿原になっていました。その中を進む小道は所々流れに遮られます。そこに真新しい木の橋が架かっていました。

「それは天皇さまがお渡りになった橋だ」とお師匠さまは直立不動の姿勢で言いました。

「ご一緒の皇后さまがその辺りにお立ちになって、植物をスケッチしていられるのを天皇さまがのぞきこんでいられた」と、これもこの時のお師匠さまの説明です。

肝心のトガクシショウマはすっかり枯れて黄色く変わっていました。しかしそれでも私は満足しました。ひと夏のもやもやが晴れた思いであったのです。

それからまた随分時間が経ちました。

天皇さまが皇后さまと歩かれた沢は近くの谷川が氾濫して、その護岸工事のためにすっかり様子が変わりました。トガクシショウマも今はほとんど見られません。お二人が歩かれた小さな橋も朽ち果てました。こんな谷まで両陛下がお出でになったことなど誰も話題にしなくなりました。

私が一人登っていったあのトロッコレールの道はレールが取り払われて、歩きやすい山道に変わりました。道の途中にトンネルがあって、その手前から細い道伝いに谷へ下りることができます。下は苗名の滝で、だから今はハイカーがよく通ります。トンネルの入り口には危険だからと通行禁止の札が立っています。

あの親子に会った、せり出した大きな岩はトンネルのもっと向こうです。トンネルの暗い闇はまるでタイムトンネルのように口を開けていました。その闇をじっと見つめていると、私にはリンゴのように真っ赤なほっぺをした少女の「ケラケラ」と笑う声が聞こえて来るような気がするのでありました。

タニウツギは火事花

タニウツギは五月の連休ごろから日本海岸ぞいの国道の、それも赤土の斜面に、いっせいに真っ赤な花を開きます。昔、新潟県と山形県の境の葡萄峠を歩いて越えた事がありました。その峠の道にタニウツギが咲いていたのです。自動車がまだ普及していなくて皆歩いた時代です。一人のお婆さんと道連れになりました。お婆さんが言いました。

「この花あズグナシと言うんだ。ツグナシあ子供のできね女の事だがな、この花も種あできねからズグナシと言うんだ」

種ができないどころかパイオニア植物の彼等は、ほかの植物のまだ茂らない土地に種を飛ばして縄張りを広げ、真っ赤な花を咲かせてゆくのです。

上越市の海辺では、まれに白い花をつけるのもあって、赤い花の株に混って美しく咲いています。

「赤いフジが咲いたネア、フグの毒もなくなったろスケ、フグで一杯やらんかネア」とKさんが言いました。彼がフグと言うのは、磯釣りをしているとひっ掛かってくるあの邪魔者、猛毒の小さなフグの事なのです。それにしても赤いフジというのが気になります。いろいろ聞いてみたら、これがタニウツギの事だったのです。

「まだ死にたくネ」と断りました。良く聞いてみたら、この辺りの海辺では、どの家でもタニウツギが咲くとフグを食べたのです。タニウツギが咲く頃、なぜフグの毒がなくなるのか私には分かりません。しかし、タニウツギがフグの毒がなくなるフグの旬《しゅん》を教えていたのです。

この頃からタニウツギの開花は次第に里山からさらに高所へと移って行きます。

「タケノコ取りに山へ入った時はナ、タニウツギの満開のあたりの竹藪を探すと、ちょうど良い大きさに伸びているんだヨ」とTさんが教えてくれました。ここでいうタケノコはネマガリタケの事で山菜の王様でありました。ここではタニウツギの開花がタケノコの採り頃を教えていたのです。

六月の中頃には標高千メートル前後の棚田でも田植えが始まります。そんな棚田を背景に真っ赤なタニウツギが咲きそろいます。

「タニウツギが咲いたスケエ苗植えにゃならん」と村の人達は一斉に田植を始めるのでありました。

ここで分布について書いておきましょう。タニウツギの分布は北海道（西部）本州（主に日本海側）（『樹に咲く花』山と渓谷社刊）とありますから、雪国の花といっても良いのでしょう。

さて、タニウツギがあんなに村人に親しまれ、なにかにつけて花暦の役割を担っていたにもかかわらず、このタニウツギを嫌う人もいたのです。

「ありゃダニの木だ。さわっちゃいかんぞ」と言った人がいました。若いタニウツギの青い枝に、ぶくぶくと唾液でもつけたように泡がついています。

「中を見てみろ、ダニがいるぞ」おどろかされて、腑に落ちない私は泡を吹き飛ばしてみました。何やら真っ黒なカメムシの幼虫みたいな昆虫がいました。アワフキムシです。ただし私はなにアワフキか知りません。そんな事もあって村人の間にはダニノキという呼び方も定着していました。

このタニウツギの枝は一年で一メートルにも伸びます。その枝を切って兵隊ごっこの刀にしたのです。手で持つ所だけ皮を残すと、少し反ったところは、なかなかの名刀になります。

「ありゃいかん」とトシ先輩が言いました。

「お前も知ってる裏山の爺さんな、山でマムシに出会ったんだ」

その一部始終はこうでした。

タニウツギ

マムシに出会った爺さんはマムシ取りの名人と自負していたのです。たまたま爺さんの手にはタニウツギの名刀がありました。杖にでもしていたのでしょうか。その枝でマムシを打ち据えたのです。

するとマムシはひいひい鳴き出しました。そんな事は今までにはなかったのです。ふと見渡すと爺さんの周囲をマムシが何匹もで取り囲んでいました。マムシが仲間を呼んだのです。これではいかなる名人もかないません。ひいひい泣くのは今度は爺さんの番でした。夢中になって逃げ帰ったというのです。

「タニウツギでマムシを叩くんじゃないぞ」子供の頃に恐る恐る聞いたトシ先輩の話でした。

タニウツギにはカジバナという呼び方もあります。誰でもあの赤いタニウツギの枝を持ち帰りたい誘惑にかられるのですが、「あの花は火事花だ。持って帰ると火事になるぞ」とおどされるのでありました。

「タニウツギの事をカジバナといいます」と日本植物友の会の会長であられた飯泉先生に申し上げたら、

「山火事は多くありませんか」と聞かれました。山火事の後ならタニウツギが一斉に生えて、そして炎のような赤い花をいっぱいに咲かせるでしょう。しかし越後の冬は雪、夏は梅雨がたっぷり降って大地が乾燥することはほとんどありません。山火事から連想しての火事花ではなさそうです。

ある時、Sさんからお手紙を頂きました。Sさんのお祖母さんは数年前に亡くなられたのですが、死の直前に、

「タニウツギは咲いたかの」と聞きました。咲いていると答えると、

「あの花は家に飾ったらいかんぞ。あの花は火事花といって、家に不幸をもたらすからな」

と言われたのです。

お葬式の後の法要でこの事が話題になりましたが、しかし誰にも理由が分かりませんでした。

「残念なことをしましたね」と私は返事を書きました。お年寄りの知識は宝物。本当に理由を聞いてみたかったのです。

「花が燃え上がる炎に見えるからではないでしょうか」私にはそのくらいしか答えられませんでした。

さして多くもない我が家の蔵書を片端から開いてみました。ありました。佐渡の植物刊行会が出版した『佐渡の植物』全六巻です。これは会員が手書きしたものをコピーして製本したＡ４判の分厚い本です。

中にタニウツギについて書かれたものが二編ほどありました。

かつて佐渡では火葬の時、棺がよく燃えるように棺の下にタニウツギの真っ直ぐな枝を敷き並べ、風通しを良くしたというのです。またお骨を拾うのにこの枝を用いたといいます。火葬に使う木だから不吉な花とされたのでしょうか。赤い花を荼毘の火と連想したのかもしれません。佐渡以外では忘れ去られた伝承です。

昔の火葬場には一坪ほどの小屋が立ててありました。皆集落から離れた所にあったのですが、葬式のある日は煙が立ち上ぼり、嫌な匂いがしたのを覚えています。

今はどこも公営の火葬場になりました。たった一つ残っていた昔の火葬場は不審火で燃えました。

タニウツギのためにも、この不吉な伝承はもう忘れましょう。

（この文は日本植物友の会の会報から）

消えたホタルブクロ

ヤマホタルブクロが咲きました。我が家の近くのものは真っ白い花を咲かせます。形もふっくらして、草丈は低く、太っちょの感じです。同じヤマホタルブクロでも信州に近い方では赤っぽい紫の花を咲かせます。

二十歳の頃にこの地方の植物目録を作ったことがありました。今出して見るとそのガリ版刷りの冊子にはホタルブクロと書かれています。その頃はまだこの地方のホタルブクロがヤマホタルブクロだとは知らなかったのです。

東京へ出ていって初めて本物に出会うのですが、しかしその区別を私はまだ知りません。東京の赤坂の辺りに野草料理ばかり出すので名の売れた料亭がありました。ご主人も植物に詳しい人で、よく手入れされた日本庭園に野草が上手に配置され植えられていたのです。私はその頃すでに古典植物の研究家として有名だった松田修さんについて何度も行きました。私は松田さんのカメラマンのようなことになっていたのです。その料亭の庭で竹垣を背景に写した写真が、実は本物のホタルブクロであったのです。その写真は松田さんの『日本の花』

という本に載っています。

それからさらにまた数年が過ぎて、国立科学博物館の奥山春季博士と知り合うようになって初めてヤマホタルブクロとの区別を知りました。

ホタルブクロの萼《がく》は先が五つに裂けていますが、その萼と萼の間にさらに小さな裂片があって、それが反対に反り返っているのです。

ヤマホタルブクロの方は反り返った裂片はなく、瘤のように膨らんでいます。

そうやってようやく区別ができるようになった頃、私は越後へ帰って来ました。帰って来て気がついてみると、身の回りのどこにもホタルブクロがなかったのです。ホタルブクロが欲しいと私は思い始めました。

関東の友達に何度も送ってくれと頼みました。そして何度も送ってもらったのです。しかし植えてもこまめに手入れをしない私です。何年かするとホタルブクロは姿を消すのでした。何回もそんな事をして、もうホタルブクロを欲しいなどと私は言わなくなりました。いや言えなくなったのです。

先日の新聞にホタルブクロの名前の由来が書いてありました。昔、ホタルブクロのあの袋みたいな花の中に、ホタルを入れる遊びが子供達の間にあって、それでホタルブクロになっ

ホタルブクロ

ヤマホタルブクロ

ていました。

たという説。いやそうではない。ホタルブクロは提灯の別名だ、など様々な意見が紹介され

私は子供の頃、一升瓶をぶら下げてホタル狩りをしたことがあったのを、ふと思い出しました。今から七十年も昔の話です。

田圃に除草剤や殺虫剤など薬剤は何一つ使わなかった昔、ニカメイチュウ駆除のただ一つの方法は田圃の中に誘蛾灯をつけることでした。

夜になると田圃のあちこちに蛍光灯が輝きます。下にはトタンで作った水入れが置かれていて、ニカメイチュウは石油の浮いた水に落ちて死ぬのです。

秋はイナゴが人が歩くにつれて波のように飛び立ちます。捕って作ったイナゴの佃煮はお茶受けに出されました。稲をイナゴが食べることなど当然のことと思っていたのです。

それでも冬の雪の来る前には、小学校の子供たちはイナゴの卵拾いをさせられました。イナゴの卵は茶色のカボチャの種そっくりな形で、田圃の畔に生みつけられていました。そんなことをしても毎年のイナゴの数は変わらなかったのでしょう。

田圃にはタニシがたくさんいました。三十分も拾うとバケツにいっぱいになりました。だからきっとカワニナなんかもたくさんいたのでしょう。

ホタルの幼虫の餌のカワニナは田圃だけではありません。山手の崖から僅かにしたたる水の流れにも、サワガニやカワニナがたくさんいたのです。

初夏の夜、おやじがホタル狩りに行こうと声をかけると、私たち五人の兄弟はおやじの後に従います。田圃はホタルの光で金色の火の海になっていました。ススキの葉がしだれている上で雌を求める雄のホタルがひしめき合って落ちると、まるで焚き火に舞い上がる火の粉のように見えたのです。一升瓶にススキの葉を何本か入れて、捕らえたホタルをつぎつぎ入れてゆきます。するとそれはまるでランプのように輝いたのです。

「ホタルブクロにホタルを入れるなんて考えもしなかったわね」と家内が言いました。家内も広い田圃の真ん中でホタルの集団に囲まれて育ったのです。

ホタルブクロの花にホタルを入れる子供達の里には、あんなもの凄い数のホタルはいなかったのでしょう。

「ほっほっ蛍来い。こっちの水は甘いぞ」なんて誘う必要なんて無論なかったのです。

卒業式に歌う「蛍の光、窓の雪」は中国の晋の時代の学者の故事を歌にしたのだというのですが、中国の古代の農村にもきっとホタルは湧くようにいたでしょうから、誇張ではなく本当にホタルの光で勉強したのかもしれません。

ホタルとホタルブクロの話から私は再び過去の世界に入り込んでしまっていました。

「生徒手帳落としちゃったの」と高校生の娘が言いました。山の中の一軒家に住んでいる私たちには娘の通学は悩みの種でした。小学校の頃から健気に一人で山道を帰ってくるのです。高校生になってからは自転車で通学していましたが、バイクでつけて来る男子生徒がいたり、しばしば無言電話がかかってきたりしていたのです。

「悪用されたらどうしよう」と娘は泣き顔です。

けれど幸いな事に拾った人が学校に電話してくれていたのです。

「その方、何年か前までうちの学校の先生だったんですって」いっぺんに明るい顔になって娘が言いました。

翌日、心配性の家内に挨拶の練習までさせられて娘は出かけて行きました。手帳を受け取って帰ってきてからの娘の報告です。

「君の家はどこだって先生聞いたの、ほらうちの住所変でしょ」

我が家の住所には町名がなくて、地名と番地しかありません。手帳の住所を見てもまさか春日山の上に住んでいるとは分からないのです。先生はずいぶんお年のようだったと娘は言いました。家の回りは花壇になっていて、様々な野草が植えられていました。

話が弾んで娘は我が家が山の上にあって雑草に覆われている事を話しました。「君の家にはホタルブクロはあるかな」と老先生は門の所まで見送って言いました。門の脇にホタルブクロが咲いていたのです。

「なかったと思います」と娘は答えました。それから何日か経ちました。

「ごめんください」と玄関に一人の老人が入ってきました。

家内が出て行きます。老人は手にホタルブクロを持っていました。娘の生徒手帳を拾ってくださった老先生です。ご主人が野草に興味をお持ちだと聞いてホタルブクロを持ってきましたと老先生は言いました。

それからしばらく家内の顔を眺めてから、貴女はもしやYさんではないかと家内の旧姓を言ったのです。なんと家内が高校生だった頃からずっとその高校に勤めていられたのです。もっとも家内は直接授業は受けていなかったと言うのですが、感激のご対面です。

しばらく我が家はその話でもちきりでありました。

さてそのホタルブクロ調べてみたのですが、反り返った萼片がありません。やはりヤマホタルブクロの仲間としかいいようがなかったのです。

月日が過ぎて、頂いたそのヤマホタルブクロも姿を消しました。娘は嫁に行って子供も二人できました。

昔からあった我が家のヤマホタルブクロは玄関先で花を咲かせています。やっぱりこの土地のもともとの植物は強いのです。でも玄関先で邪魔でもありました。思いがけずお婿さんが箒を持って掃除を始めました。そして邪魔なヤマホタルブクロを綺麗にむしり取ったのです。

私は黙って見ていました。野草をそんな所に咲かせておくことは世間の常識では考えられないことなのです。お婿さんを責めることはできませんでした。

ホトトギスは明け方に鳴く

秋の一日、久しぶりに横浜から京浜急行に乗りました。目指すのは観音崎の灯台です。横浜を離れると、車窓の風景は次第に郊外の静かなものに変わります。

学生の頃、教授が出張かなにかで休講になったりすると、急いでこの電車に飛び乗ったものです。観音崎の周辺は私の植物を勉強する教室のような所でした。

電車はガタンゴトンと昔と変わらぬ速度で進みますが、畑が多かった車窓の風景は、今はほとんどが宅地造成されて家並みが連なっていました。

浦賀駅で降りました。ここから先はバスに乗るのです。電車を降りて少し戸惑いました。階段を降りてぐるっと右へ回った建物の陰にベンチがあって、そこでバスを待つのです。バスだって昔のボンネットバスではなくなっているのですが、何となくのんびりした感じで走ります。

終点の観音崎で降りました。昔、バス停の近くにハマユウの花壇があって、秋になっても白い紐のような花びらを下げていたのですが、今は見当たりませんでした。

海沿いの道を灯台へ向かいます。途中道に面して幾つか広場があります。学生の頃、必ず立ち寄った茶屋が三軒ありました。その一番奥の茶屋のおばさんにずいぶん世話になったのです。真っ黒に日焼けして顔じゅう皺だらけのおばさんは、なんだか漁師のおかみさんみたいな感じです。バスで来る途中の鴨居に家があると言っていました。

いつもお煎餅にお茶を出してくれます。

「学生さんからはお金は取らないよ」というのが口癖で、それに甘えて本当に一度もお金を払わなかったのです。茶屋の回りは夏頃からアシタバが白い花を咲かせていたのですが、今はどこにも見られませんでした。

三浦半島ではアシタバを食べないか聞いた事があります。

「伊豆半島や伊豆の大島では食べるらしいが、この辺りでは食べる風習はない」とおばさんが答えました。

「秋も遅くなると京都の大学教授が突き出たおなかをゆすりながらアシタバの種を取りに来る」とおばさんが言っていたのですが、私が会うことはありませんでした。

無論、おばさんはとうに亡くなっているはずですが、その跡がどうなっているかも知りたかったのです。

茶屋がどの辺りにあったのか思い出そうとするのですが、どの広場もそうでありそうでなさそうで、確信が持てません。そうした広場はどこも後ろはそそり立つ崖で、クサギの木が覆いかぶさるように生えています。今は花が終わって萼が真っ赤に色づいていました。

灯台への階段の崖にホトトギスが咲いていました。昔ずいぶんここを歩いたのに一度も見つけなかったのです。写真を写して暫く登ったら、前より綺麗な株がありました。それも写して、ふと顔を上げたら両側から伸び上がった木立ちのトンネルの向こうに灯台が見えました。

女の人が竹ぼうきで掃いています。いい構図です。カメラを構えたら気づかれてしまいました。

「あら、嫌だ。写真なんかごめんだよ」そう言って女の人は箒をほうりだして、灯台の入場券売り場へ逃げ込んでしまいました。

後ろからバスガイドが旗を立てて観光客を誘導して来ます。昔は観光ツアーの団体なんか来なかったのです。ずいぶん変わったものです。観光団をやり過ごして切符売り場を覗いて見ました。

「おばさん、この辺りに昔茶屋が三軒あったんだけれど、どの辺りだったかしら」と聞いてみました。

「あたしゃあお嫁に来たんだからねー」と言います。

「おーいら岬のー」と小さな声でつぶやいたら、彼女は、

「そんなんじゃないよ」と少し赤くなりました。勝手に恋愛かどうか聞かれたと勘違いしたようでした。

「昔の事は知らないけどさあ、三軒屋って地名は残っているのよ」と教えてくれました。

それはバス停の向こうの灯台とは反対の方向だったのです。

入場券を買って灯台へ入ってみました。ここは東京湾の狭まった入り口の片方に位置しています。船がつぎつぎと通って行きました。史料の展示室を出てもう一度切符売り場を覗きました。日本全国の灯台の位置と簡単な解説の載ったパンフレットをもらいました。観音崎の人は昔も今もみんな親切なのです。

バス停へ戻って三軒屋と教えられた方を眺めました。学生の頃からずいぶん時間の経過があります。その間に私の記憶がコンパクトになってしまったのかもしれません。ひょっとしてあの辺りに茶屋があったのかもしれないと思い始めました。

しかし、そこは団地のように家が密集して並んでいました。今は茶屋などなさそうです。

ホトトギス

観音崎の灯台

私はバスに乗って再び喧騒の横浜へ戻って行きました。

私は五月生まれです。だからかどうか私は五月頃の気候が大好きです。

五月の末頃の朝、朝と言っても午前三時頃、ふと目が覚めました。遠くでホトトギスの声が聞こえます。子供のころは「テッペンカケタカ」と聞こえると思っていたのですが今は「本願かけたか」だと信じているのです(鳥の図鑑では「特許許可局」と鳴くとしています)。目の見えない兄がつまらない疑いを弟にいだき、弟を殺してしまった物語は悲しく伝えられています。自らのあやまちを悔いた兄は鳥になって、往生できたかという意味の「本願かけたか」と口から血を吐いて泣き叫んでいるというのです。

しかし、暗い部屋の布団の中で微かに聞こえるホトトギスの声はなんとものどかです。つい、百人一首の

郭公《ほととぎす》なきつるかたをながむれば
ただありあけの月ぞのこれる

の和歌を思い出すのです。作者の後徳大寺左大臣はずいぶん面倒な名前ですが、何のことはない百人一首の選者、定家の従兄弟で藤原実定の事なのです。

ホトトギスの声を遠くに聞きながら、再びうとうとと、はっきりと目覚める前のひととき

を楽しみます。

それにしても郭公という漢字をホトトギスと読ませているのが気にいりません。郭公というのは「カッコウ」と鳴く、まったく別の鳥なのです。私はこの和歌の場合は「ホンガンカケタカ」と鳴く、ホトトギスだと信じています。ホトトギスには夜直鳥《よただどり》という呼び方もあるからです。『広辞苑』にはほかにも幾つか呼び方が載っています。あやなしどり、くつでどり、うづきどり、しでのたおさ、たまむかえどり、夕影鳥とあります。ホトトギスの声に人さまざまに思いを抱いたからなのでしょう。

この鳥のホトトギスという名前がいつしか植物の名前になりました。理由はホトトギスの花の斑点が鳥のホトトギスの胸の斑点に似ているからだというのです。私などホトトギスの花の斑点を見ることがあっても、遙かにしか声が聞こえない鳥のホトトギスの胸など見ることはありませんでした。

太平洋側の東北ってどこからだろうと考えた事があります。白河の関から北が東北だろうと単純に考えました。ならば行ってみようと走り出したのです。

会津若松を過ぎて猪苗代が見えてきたら右へ曲がるとそれが白河街道です。初めての時はまだ移動製材などが盛んな頃で、山の中を走っていると、柱や垂木らしいものを道端で製材していました。できた材木は立ち木により掛けて乾燥させ、半年もしたら家を建てるのだと聞きました。やがて安い外国産の材木が入って来るようになると、自分で育てた杉で家を建てる人はなくなり、移動製材も姿を消しました。

しばらく走ると、長い棒にマムシをくりつけて道路の方へ突き出している男がいました。仕方なしに車を止めると、男は、

「安くしておくからマムシを買え」と言うのです。ただだってマムシなんていりません。

「いいマムシだがなー」と男は残念そうでした。

ようやく夕方、白河の関に着きました。しかし、その日どこへ泊まったのか今は記憶がまったく残っていないのです。

その白河に二年ほど前にまた出かけました。マムシ売りには出会いませんでしたが、道端に農家のおかみさんたちが野菜の店を出していました。そこでホトトギスの苗を買ったのです。一株百円で三株買いました。

今年、そのホトトギスが猛然と茂りだしました。一メートルほどの高さになったのです。その時になって私は異変に気づきました。先が枝分かれしているのです。普通、日本のホト

トギスは森影にしだれて花をつけ、けっして枝分かれはしません。そしてこんなふうに群生はしないのです。無数についた蕾は、鳥のくちばしのように見えます。これがみんな開いたら真っ赤な口を開けた本物のホトトギスに見えそうです。

ひょっとしてそいつらは猛禽のような声で鳴き出すかもしれません。

「テッペンサケタカ、テッペンサケタカ」って、そんな空想までしてしまいました。これは近年急激に広まったタイワンホトトギスでありました。

ウツボグサの混乱

母は晩年、高血圧症と喘息の発作に苦しんでいました。誰から聞いたのかマンダラゲの種子に麻酔作用があって喘息の発作を抑える効能があると言い出しました。私にマンダラゲ（チョウセンアサガオ）の種を取って来いと言うのです。

母が苦しんで咳き込んでいるのを見ると、なんとかしてやりたいと思うのですが、呑気で面倒くさがりの私は植物採集に出歩くことがあっても、マンダラゲの種子を取って帰ることはありませんでした。

マンダラゲが猛毒だと知ったのは植物の事を少しは知るようになってからのことでした。あの時うっかり取ってやったら、私は母を殺していたかもしれません。そんなことになったら一生十字架を背負っているような思いでいなければならなかったのです。ものぐさも時には良い事でありました。

中学校時代の同級生が小学校長になっていました。

「ＰＴＡの行事で薬草の勉強会をするから講師を引き受けてくれ」と言ってきました。

「薬草の事は何も知らない」と断りました。何度言われても断り続けたのです。

母が高血圧と喘息で苦しんでいた頃、兄が亡くなりました。亡くなる前、私にウツボグサを取って来いと言いつけました。煎じて飲むと言うのです。しかし早春のこと、どこにも見つかりませんでした。兄が死んだのは六月でした。ウツボグサが紫の花をいっぱいに咲かせている季節でありました。

ウツボグサは集団で咲く花です。紫の花を筒型につけた茎を相当な面積に立てならべて咲くのです。しかし、とつぜん姿を消すことがあります。そしてまたどこか道端や丈低い草原の開けたところで紫の花の穂をならべます。

ウツボグサの名の由来は弓の矢を背負う時の道具の「うつぼ」に見立ててつけられた名前だとたいていの図鑑にはあります。正確にいえば背負った矢が雨に濡れないように上から被せる毛皮で覆った籠のようなものが「うつぼ」だと思います。

夏を迎える頃、ウツボグサは立ったまま枯れてしまいます。その赤茶けて枯れた姿から「夏枯草」と呼ぶと教えてもらいました。かの有名な牧野富太郎の『日本植物図鑑』には「一名かこそう」と書かれています。「夏枯草」を「かこそう」と読ませたのでしょう。

私はひと頃、秩父通いを続けていました。秩父には私の知らない植物があると思っていたのです。初めて秩父へ向かった時は十石峠を越えようとしたのです。しかし峠から先の道はあまりに狭く、車で行くのは不可能と知りました。峠は一面マイヅルソウが咲いていました。程よいそよ風と暖かな陽を受けて私は二時間ほども昼寝をしてしまいました。

何度目かの秩父の旅で馬坂《まさか》という道を通りました。馬坂という地名はバス停の立て札で知ったのです。坂とはいえない緩やかな道ですが、道の北側の陽を受けた斜面が見上げるような段々畑になって続いていました。コンニャク畑です。こんな急な段々畑で作物が育つのか、まさかと疑いたくなるような坂でした。

その道をウツボグサをいっぱいに抱えた女性が歩いていました。ヘビイチゴの写真を撮るためにしゃがんでいた私はふと顔をあげました。そして思わず声をかけてしまったのです。

「何という花ですか。紫が綺麗ですね」すると奥さんふうのその女性は言いました。

「本当はウツボグサというのですが、この辺りではカゴソウといいますの」私はまた続けて聞きました。

「花が籠のように見えるからですか」

「さあ、どうでしょうかしら」と答えてから、

「町から薬剤師の先生が来て教えてくださいましたの。お小水の薬ですってよ」そう言っ

ウツボグサ

ウツボグサ

て彼女は手を口のあたりに当て、恥ずかしそうにホホホホホと笑ったのです（以後読者は「カゴソウ」と「カコソウ」に注意してお読みください）。

ある年、私は『雪国の植物誌』という本を出しました。その中で私はこの時の話を書き、花が籠のようだからカゴソウかと聞いた事の答えで、彼女が否定も肯定もしなかった事から彼女はカコソウを訛ってカゴソウと言ったのだろうと書いたのです。

これに対して思いがけなく反論が来ました。

東京の私の仲間たちは毎月一回会報を出しています。その中に秩父にはカゴソウという方言があるとEさんが自説を書きました。小川先生の文を残念に思うともありました。そのEさんの説に反対の手紙が届いたと言います。Eさんは再びウツボグサについてカゴソウ方言説を唱えます。静岡県川根地方に籠のように見えるからカゴソウという方言がある。と述べています。

そのうち私は不思議なことに気がつきました。薬草の本の中にカゴソウと書かれたものがあったのです。片っ端から薬草図鑑や山野草図鑑にあたって見ました。するとカコソウとある本とカゴソウとなっている本と二つに大別されたのです。無論ウツボグサとしか書いてない本もあります。

ふと気がつきました。植物分類の学者はカコソウと書き、薬学にたずさわった方はカゴソウとされていたのです。急いで息子の大学時代の生薬学の教科書を出して見ました。生薬ではウツボグサはカゴソウであったのです。さらに江戸時代の百科事典ともいわれる『和漢三才図会』にも夏枯草としてカゴソウと仮名がつけてありました。江戸時代から連綿とカゴソウと教え継がれていたのです。私はあの女性が恥ずかしそうに「薬剤師の先生が教えてくださったのです」と言った言葉を思い出していました。

牧野富太郎がなぜカコソウと濁らずに別名としたのかについても私見はありますが、長くなるので省略することにしました。

最近出版された本では、ウツボグサは漢方ではカゴソウと書かれた本が多く出回るようになりましたが、ある著名な植物学者の本でもウツボグサについて、「カコソウ（夏枯草）の別名もある。夏枯草はまた漢名でもあり、生薬の名でもでもある」とありますから混乱はまだとうぶん続きそうでありました。

私はウツボグサの写真を撮ろうと山辺の道を歩いていました。ウツボグサが紫に群れて咲いていました。くちびるのような形の小さな花を一つ摘んで、花のもとを口に入れて吸ってみました。微かに甘い味がしました。ウツボグサにはスイバナという別名もあったのです。

ヤマボウシの季節

今年もまたヤマボウシが美しく咲きました。白い四枚の先のとがった花びらのように見えるのは苞《ほう》だといいます。だからうんと若い時はこの四枚は緑色をしています。たとえ苞でもあの白く美しいものは花と呼んで良いのでしょう。

その白い花をいっぱいにつけたヤマボウシは不思議に水辺に多いことに気がつきました。近くのダムの岸から見下ろすと崖にしがみつくように咲いていています。青い水に白い花が良く似合います。

糸魚川の南には焼山や雨飾山との間に一段低い駒ケ岳や阿弥陀山が並んでいます。それらの山々は例年降雪が多く、ヤマボウシの咲く頃も真っ白く残雪に輝いています。残雪は谷筋の下の方は次第に細くなりますが、さらにその下の断崖にも点々と白くしがみついています。糸魚川に勤務していた頃、校庭から見えるその白い塊が雪なのか、何か別のものなのか、正体は何か、と気になって仕方がありませんでした。ある時、車を走らせて岸壁を目がけて行きました。

しかし、思い通りの絶壁に近づくことができません。ついに来海沢まで登りました。見ると女の人が田圃で代掻《しろかき》をしています。私のクラスのユキオ君のお母さんでした。ちょうど幸い聞いてみることにしたのです。

「あれはヤマグワでございますよ」とお母さんは続けて言いました。

「ヤマグワがたくさん咲く年は作が良いのでございます」

そのヤマグワが何か知りたいのですと言うと、お母さんは近くに真っ白に咲いているヤマボウシを指さしてくれました。水分の好きなヤマボウシは谷筋の水の滴る岩にしがみついて咲いていたのです。

「先生、ヤマボウシはイッキといいましてね、木の中では一番堅いのです。これで杵を作りますが石の臼にも欅の臼にもけっして痛まない杵になりますんで」加藤ご老体に教えてもらったのはそれからまた何年もたった後のことでした。

花が終わると一センチほどの実がなります。いぼいぼの実で、子供の頃はヤマモモと呼んでいました。赤く熟した実は甘かった記憶があるのですが、今食べてみるとぱさぱさした甘くも酸っぱくもない味です。

ところでなぜこの木をヤマボウシと呼ぶのでしょうか。

あのいぼいぼの実がお坊様の頭に似ているとか、山法師の被りものに似ているというのがヤマボウシの由来とされているのですが、本当でしょうか。美しく咲いているあの花からはお坊様は無論のこと、山々を修行の場とする法師なんて連想もできません。法師の被りものといえば、武蔵坊弁慶も上杉謙信公も白い頭巾のようなものをかぶっています。しかしその形からはヤマボウシを連想することはできません。

春日山神社の謙信公祭でも武者行列の先頭を馬に揺られて謙信公が行きます。その頭巾を見せてもらいました。何と給食婦さんがかぶっている三角巾と同じものだったのです。

そのうち、歴史考証のもの知りが袈裟をかぶっているのだと言い出しました。昔、火事の時など火の粉が坊主頭にふりかかっては堪りません。そんな時お坊様は袈裟をかぶって逃げ出すのです。後に戦をする僧兵が袈裟をかぶる事もありました。

武者行列の謙信公役で最初にこの袈裟をかぶらされた被害者は俳優の辰巳琢郎さんでした。時は八月の十六日です。猛暑の中、袈裟でくりくりと頭を包まれた辰巳さんは、我が家の玄関にへたりこんで付き人に袈裟の紐を緩めさせ、一生懸命風を入れさせていました。つくづく見ましたがヤマボウシの実とは似ても似つかない飴玉みたいな頭です。

ある時、旅行案内のパンフレットを見ていて「あっ」と思いました。白装束の一団がヤマボウシのあの白い苞のような形の被りものを頭にして立っています。それは敦賀の神宮寺のお水送りの行事の写真でした。

奈良の二月堂では旧暦二月、境内にある若狭の井戸から水を汲んでこれを仏前に捧げます。これがお水とりの行事ですが、これより先、若狭の神宮寺では境内の井戸の水を桶に汲み、近くの鵜の瀬に流します。すると水は地下を通って数日の後に奈良の二月堂の井戸に届くと信じられていたのです。これがお水送りといわれている行事です。

私は我が家へ冠などを納めている京都の商店に電話してみました。そういう形のものが売っていたら欲しいと思ったのです。しかし、人の良さそうな主人は「ありまへんな」と言いました。「恐らく手作りやと思います」と尻上がりのアクセントで答えました。

どうしても行ってみなければならないと私は決心しました。お水送りは三月二日の夜に行われます。早朝の三時、私は北陸自動車道を西へ向かって走って行きました。早く着き過ぎたので安寿姫と厨子王伝説の跡など尋ねながら時間をつぶし、暗くなりかけた頃に神宮寺に着きました。

境内には三メートルほどに生の杉の葉が積み上げられています。読経の中、山伏のホラ貝

ヤマボウシ

お水送りの行列

が鳴り響き、白装束に太刀を下げ、ヤマボウシの苞にそっくりな被りものを頭にのせたお坊様が登場しました。

杉の山に火がつき、頭にときん、肩からすずかけを掛けた山伏に守られて太刀を下げたお坊様たちが火の回りをまわります。やがて煙がおさまった頃、人々はその火を松明にうけて行列が始まりました。先頭を行くのは境内の井戸から汲んだ水の入った桶をかついだお坊様で、中の水は何キロか離れた鵜の瀬に流すのです。鵜の瀬はどんな所か私は明るいうちに見ておきました。道路に沿って流れる川の一か所が河原に降りられるようになっています。しめ縄を張ったその場所が鵜の瀬と呼ばれているのです。

すでにあたりは真っ暗になっています。その中を松明の行列が延々と続きます。遙かに遠くの田圃の畔を行く行列は、まるで狐の嫁入りの灯りを連想させました。暗い闇の中に遠くなってゆく松明の列を見ながら、私は謙信公の事を考えていました。

謙信公は高野山に二回詣で、無量光院清胤阿闍梨に入門し、真言宗の最高位阿闍梨権大僧都となられたのですが、戦場では黒の道服に行人包をされていたといいます。謙信公の場合、行人包は竹で烏帽子型の骨組みを作り、これに白い絹の布を張ってかぶっていられたといいますから、道服の黒と白との違いがあるものの、さっき見た太刀を吊ったあのお坊様の姿がそのまま謙信公の姿に思えたのでありました。

秋になりました。ユキオ君がお嫁さんを連れて「先生元気か」と言ってやってきました。人の世の時間の流れの早さは何もかも押し流して行くのです。ユキオ君のお母さんに「ヤマグワです」と教えられてからたちまち二十年も過ぎていたのです。

「お父さん、戸隠へ野菜を買いに行きましょうよ」と家内が言いました。私たちは時々ドライブがてら、大根やトマトを買いに行くのです。戸隠の登山口には何軒か野菜を売る農家が店を出しています。私たちが贔屓にしているのは一番奥の店で、店の横に大きなクワの木が立っていて、山から引いた水がいつも音を立てて流れていました。

戦後お爺さんが復員して来たのは、ずいぶん遅かったので開拓する原野はこんな山奥しか残っていなかったのだと息子のお嫁さんが教えてくれました。まだ若かったお爺さんは嫁さんと二人で荒れ地を切り開き、畑にしたのです。その時出てきた石を積み上げた上に、小鳥が運んで来た種が芽を出して育ったのがこのクワの木で、だからこの木はこの一家の歴史をも示し、時間の流れさえも記録していたのです。

ちょっとした庭のようになった所にヤマボウシの木が一本立っていました。今ちょうど赤く熟れた実がなっています。手の届く所の実を摘み取って口に入れました。懐かしい味です。

その時になって気がつきました。木の下に褐色の動物がうずくまっていたのです。タヌキがくさりで繋がれていました。ヤマボウシの落ちた実を食べにきて罠につかまってしまったのです。昔なら狸汁にされるところですが、野菜の収穫が終わればまた放されるのでしょう。

「今度放されたら町へ行くんだよ。お前は里の獣なんだから」と私は言ってみましたが、タヌキにはなんの反応も見られませんでした。タヌキは顔をこちらに向けて体を丸くしていましたが、やがて目を閉じました。タヌキは狸寝入りをしたのでありました。

それはクサギの花から始まった

クサギの花が咲き始めました。綺麗にと言いたいのですが、この花、早いものからどんどん咲いて、勝手に散ってゆき、一斉に咲きそろうなんて事はありません。だからしぼんだ花が新しく咲いた花にかぶさっていてどこか汚れた感じです。むしろ花の後の青い実とそれを取り囲む赤い萼がとても美しい、と私などは思っています。

その花を一枝切ってFM放送局へ持ってゆきました。最近は週替わりで勝手におしゃべりをしていますが、今日の話題はクサギです。対談相手のアナウンサーはKさん。葉をむしって匂いを嗅ぐと臭いからクサギですと言うとすぐに匂いを嗅いでくれました。

「あら、あたしこの匂い好き」と言います。

ゴマを油で炒めたような匂いと書かれた本もありますから、まんざら嫌われる匂いでもなさそうです。早春、瀬戸内あたりではこの若葉をゴマ和えかなにかにして食べるといいます。

「これを食べなけりゃ春が来た気がせん」と言う人もいると聞きました。一度は食べてみなければと思いつつ、いまだにご遠慮しています。

ところで花の香りはどうですか、と聞いてみました。Kさんちょっと嗅いでみて、「あら良い匂い、ユリの香りかしら」と言いました。匂い消しの香りにこれと良く似た香りはありませんでしたかと聞いたら、

「ありました、ありました」と答えてくれました。

ひょっとするとクサギの匂いに似せた香料ができているのかもしれません。

日本海に面した小さな丘に小さなお堂がありました。今は自動車道がついていますが、かつてはバイクさえも通れないような道でした。初めは段々畑を、最後はアカガシやウラジロガシの林を通ります。境内はそれほど広くないのですが、クサギが茂ってお盆の頃にはたくさん咲きます。その匂いに引かれてカラスアゲハやモンキアゲハがやって来ます。私の子分の中学生たちは捕虫網を持っていつもそこへ通って行くのです。

蝶の飛ぶ道は決まっていて、皆は蝶道《ちょうどう》と呼んでいました。一度逃がしてもその蝶道のどこかで待っていれば、必ず同じ蝶が戻ってくるのです。もっともクサギの花の下で待っていれば簡単ですが、お堂のお婆ちゃんにつかまります。

「かわいそうですがな、逃がしておやり、なむあみだぶつ、なむあみだぶつ」

クサギ

ミヤマカラスアゲハ

人生というものは不思議なもので、その頃の子分の中学生には教員になった者も何人かいて、すでに定年で退職してしまっています。

最も熱心に通ったTちゃんはお坊様になりました。先日ある宗派の名簿を見せてもらったら、彼の名前の前には長老とありました。銀行の支店長になっていたKちゃんは退職後もう一度昆虫採集に熱中し始めました。背丈ほどもある棚に標本箱をびっしり並べ、県内の蝶を取りまくり、様々な新発見をし始めました。しかし、けっして発表しません。学者ぶることが嫌いなのです。外国まで出かけて蝶の採集をしていたUちゃんも、蝶を卵から育てるエキスパートになってしまったKちゃんも、昆虫の研究で博士号を取って開業しているお医者さんのYちゃんも、皆あのお堂の前のクサギの花から人生をスタートさせたのです。

お婆ちゃんごめんなさい。みんな私が悪いのです。今頃、お釈迦様のお膝元でなむあみだぶつを唱えていらっしゃるのでしょうか。

我が家の庭を植物園にしようと植物を植え始めてからずいぶんになります。

その頃は胴乱をぶら下げて植物採集をしていても誰にも注意されない時代です。それでも幾らかは気が咎めます。挿し木をしたり、種を採ってきて蒔いたり、人にもらったりして少しずつ庭の植物を増やしてゆきました。

ところが思うように育ちません。春日山を階段状に削って作った郭《くるわ》です。神社を造る時に表土を取り除いたのでしょうか、第三期の堆積層がそのままむき出しになっています。植物の栽培に少しは役立てばと土を買いました。四トン積みのトラックに五杯ほども買ったのです。境内のあちこちに土を盛り、回りを石で囲みました。一輪車を引いて一人で何もかもやりました。しまいに腰を痛めて椎間板ヘルニアの手術をし、以後足を引きずって歩くようになりました。何杯目かの土は真っ黒な土でした。しばらくそのままにしていると何か気になる植物が生えはじめました。

しばらくしてクサギだと分かりました。何本も何本も生えました。どうやら土の中にクサギの種が混じっていて芽が出たらしいのです。今、花を咲かせているのはそのうちの一本です。

何年か公民館で植物の講座を続けたことがありました。理屈の嫌いな私は講義の時間を少なくして、もっぱら野外を歩きました。お陰でずいぶんお弟子さんができました。そんな中には中学校で教えた生徒たちも混じっていました。Sちゃんもその一人でした。

「先生、私です。分かりますか」と彼女は言いました。

「分かる、分かる」と私は言いましたが、名前は忘れています。でも花の名前と同じだった事を思い出しました。しかし顔はちゃんと覚えていました。

彼女は草木染を趣味にしていました。

「いろんな植物で布を染めてみたいのです」と彼女は言いました。

「しかし植物の名前が分かりません。だから受講しました」と言ったのです。

何度目かの山歩きの時、

「クサギの木が欲しい」と彼女は言いました。しかしその日歩いたコースにはクサギはありませんでした。私は我が家のクサギを一本やることにしました。

クサギを一本鉢植えにして持たせました。彼女がどんなふうにして布を染めたか私は知りません。

じつは藍染めの木と九州地方で呼ばれるクサギの染め方は、生のクサギの実をたたいてつぶしてそのままで染めるのです。私はその事を彼女に教えないでしまっていました。

九州小倉に一本の川があります。昔、気の遠くなるほどの昔、そのあたりの海辺にエビスという男がいました。彼は毎日海へ出て漁をしていました。しかしある時、海賊に襲われ舟を壊されてしまいます。小倉の山の奥にキクヒコという男が住んでいました。エビスはこの男に舟を造る材木をもらおうと出かけて行きました。

エビスはキクヒコに舟にする木をくれるように頼みますが、キクヒコは良い返事をしません。エビスは何日もねばって頼みました。

キクヒコにはムラサキという妹がいました。いつかエビスとムラサキは恋仲になります。

そんなエビスにキクヒコは
「タイを千匹釣って来い」と言いました。

「そうすれば舟を造る材木も、ムラサキもやる」と言います。

「そんなにタイは釣れない」とエビスは嘆きます。

するとムラサキは言いました。

「私は毎日この谷川に藍染めの木の汁を流します。それを見たら私の事を思い出してタイを釣って来てください」

エビスは毎日タイを釣りました。しかし永久に千匹は釣れません。ムラサキはエビスが迎えに来てくれることを信じて今も紫の汁を流し続けています。いつかこの川は紫川と呼ばれるようになりました。

何年か前、私は自分の車で九州をひと回りしました。小倉の紫川の橋も通りました。せめて一枚橋の上から川の流れを写したかったのです。しかしどこも橋の上は狭いのです。車を止めることができないまま、いつしか遠ざかってしまいました。

さて、私からクサギをもらった彼女は今も草木染をやっているのでしょうか。ひょっとするともう還暦を迎えているのかもしれません。

オオマツヨイグサは咲かなかった

私も家内もトマトが大好きで、夏場は食卓に欠かしたことがありません。そのため朝市に良く通いました。地元のトマトが欲しかったのです。

朝市で買えなくなると、妙高市の大洞原にあるTさんの家まで出かけて行きました。ここでは秋も遅くなるまで売ってくれます。おばあちゃんと息子さん夫婦と三人でやっている農園です。

家内はトマトをひとつひとつ手に取ってヘタの匂いを嗅ぎます。それから、

「ああいい匂い」とつぶやきます。そして、

「昔のトマトの匂いがする」と繰り返し言うのでした。

おばあちゃんは何時もにこにこ愛想よく笑っていますが、本当はずいぶん苦労した人でした。

おばあちゃんは上越市の金谷山の近くで生まれました。そうして近くの病院の次男坊の所へお嫁に行ったのです。次男坊のご主人は戦後、軍隊から帰って来ると、おばあちゃんに宣

言しました。

「これからの日本は食料増産に励まなければならない」

そう言って関山の開拓団にさっさと参加してしまったのです。だから、おばあちゃんもついて行くより仕方がありませんでした。堅い信念のご主人ですがお医者様のお坊ちゃまです。二人の開墾作業は困難を極めました。それ以上に高地にある開拓地は作物がなかなか育ちません。ついに高地での開拓をあきらめて仲間ともども二人は現在の大洞原まで下がって、初めからやり直さなければならなかったのです。ようやく農園が軌道にのったと思う間もなくご主人が亡くなってしまいました。

そんな苦労を重ねてもおばあちゃんはあんまり口説きません。

「あたしゃ旅が好きでね。暇さえできれば飛び出してしまうのさね」

おばあちゃんの姿が見えない時はきっと何処かへ気ままな旅に出ているのでしょうか。

そのTさんの家の前に黄色い花を咲かせているのがメマツヨイグサと呼ばれる帰化植物です。アメリカから明治の中頃日本に渡って来たのですが十月の半ばを過ぎてもまだ綺麗な花を咲かせています

宵待草

待てど暮らせど来ぬ人を
　宵待草のやるせなさ
今宵は月も出ぬそうな
　暮れて河原に星一つ
宵待草の花が散る
　更けては風も泣くそうな

これは竹下夢二と西条八十の有名な詩ですが、ここに出てくる宵待草はオオマツヨイグサのことだといいます。オオマツヨイグサはメマツヨイグサの花を大きくしたような花ですが、人によってはこの花を月見草と呼ぶこともあります。

私の母も月見草と呼んでいましたが、時々宵待草の唄を口ずさんでいました。

じつは植物図鑑にはツキミソウと呼ばれるまったく別の植物がもう一種類載っているのですが、私もここではオオマツヨイグサを月見草と呼ばせてもらうことにしましょう。

母は六歳の時、実母を失います。

暗い夜の魚野川の河原を父親に手を引かれて病院へ急ぐ母の目に、月見草の大きな花が見えました。月見草の花は母にとって忘れられない花になりました。母は月見草の花に亡き母親の面影を見たのでしょうか。

母には妹が二人いました。教員だった父親が学校へ行ってしまうと、姉妹は母親のいない家で父親の帰りを待つのです。向かいの家は駄薬子屋で、三人はまるで三羽の燕の子のように一日中窓に顔をそろえて並んでいる駄菓子を眺めて過ごすのでした。夜、父親が帰って来て米をざくざくといでご飯を炊いてくれました。

そのうち、末の妹は知り合いに預けられますが、ほどなく父親は後家さんを迎え、一家は新潟の砂丘の陰の家へ引越します。その砂丘にも月見草が夏の夕べにはたくさん咲いたのです。こうして母にとって月見草、または宵待草は忘れられない花になったのです。


我が家は春日山の上にありました。私の子供の頃は周囲の木々はまだ小さく、日当たりが良かったのです。

母は丹精して月見草を育てていました。種を大切に取っておいて、丁寧に蒔くのです。月見草は一年では咲きません。二年目ぐらいになってようやく蕾をつけます。

広い庭は一面月見草の原になっていました。陽が沈んで少し暗くなりかけると黄色い花が

オオマツヨイグサ

メマツヨイグサ

次々と開きます。

蕾は緑色の萼に包まれていますが、その萼が縦に裂けて、やがて黄色い花びらがくるくるとほどけます。そして最後にパッと微かに音を立てて開くのです。

やがてその黄色い花を目当てに大きな雀蛾が来て、飛びながら蜜を吸ってゆきます。

宵待草の詩には花は夜に散るように書かれていますが、翌朝になっても花はまだ開いています。やがて陽が昇ると次第に赤っぽくしおれて、やがてぽろりと落ちるのです。

花が散ると実になります。実は長い花の枝を取り巻くようについて、乾燥すると鞘は四つに割れます。この中に黒い小さな種がいっぱい入っているのです。新聞紙を庭に広げて、その上で乾燥させると黒い種が集められます。たくさん採れる年はコップに二杯ぐらいは楽に採れました。

その種を母は春日山じゅうに蒔こうと私に言いました。少年の私も母の夢を自分の夢にしてしまっていました。二人は夢中になって種を蒔きました。山中歩いてこの辺りに咲けば良いと思う所に、薮といわず斜面といわず種を蒔き続けました。

翌年から山を歩いて芽が出ていないか探しました。しかし芽は一つも見つかりません。

二年目の夏がやって来ました。

何度山を歩いたかしれません。しかし花は一つも見つかりませんでした。
それからじきに母は亡くなりました。年の暮れの寒い寒い日でありました。

そしてまた何年かが過ぎました。私は大学生になって植物研究室にいました。その頃になってようやく私はオオマツヨイグサの種は周囲に雑草が生えている所では育たないと知ったのです。だから母がオオマツヨイグサを見たのはほかの植物の育たない河原や砂丘ばかりだったのです。

私がその事に気づいたのは、母が亡くなってからずいぶん経った後のことでありました。

ムシトリスミレとウチョウラン

焼山と雨飾の鬼面山の間は、海谷と呼ばれていました。両岸は険しくそそり立っています。慶長の初めの頃、その岸壁が崩落して渓流を堰止めて湖ができました。谷の下の村人は堆積した土砂が崩れて村々を襲うことを恐れました。

人々は近くの観音堂にこもって鐘を打ち鳴らして祈り続けました。幸い流れを堰止めた岩石は少しずつ崩落して事なきを得たのです。海谷は今、真っ黒い大小さまざまな石の河原になっています。

その谷にもっとも近い集落が御前山でありました。

狭くて急で石だらけの御前山への道を、私のおんぼろ車はよちよちと登って行きます。私は今日、御前山のチイちゃんちへ家庭訪問に行くのです。チイちゃんちの前は深い谷でその向かいに海谷の岸壁がそそり立っていました。チイちゃんちの前には高さ二メートルほどの大きな岩がごろんとありました。家を建てるために整地はしたけれど岩が大きすぎてそのままにされたのでしょう。

その岩を回ると藁葺き屋根のチイちゃんちがありました。その前庭にじっと腰掛けて山を見ているお爺さんがいたのです。

「こんにちは」と声をかけてみましたが、お爺さんは何にも答えてはくれませんでした。玄関へ入るとチイちゃんとお母さんが私を迎えてくれました。私はお爺さんの事が気になってたまりません。なぜって家庭調査のチイちゃんちの書類にはお爺さんの事がなんにも書かれていないのです。

「ああ、あのお爺さんの事ですか」とお母さんは言いました。

「あのお爺さんは、うちの人じゃないんですよ。でもずっと昔からうちに住んでいらっしゃるんです」

世の中にこんな不思議なことがあるものでしょうか。どこの誰ともしれない他人を住まわせてずっと面倒を見ているなんて、きっとこの村の人はみんな暖かい優しい心の人達ばかりなのでしょう。

帰るとき老人の横を通ったのですが、あいかわらず山を見たままでした。ふり返るとチイちゃんが玄関に立って手を振っています。思わずつられて私も手を振りました。昭和初めの生まれの私には人に手を振って別れるなんて考えた事もなかったのです。そんなことをしたら「あいつ女々しい奴だ」なんて言われそうです。

ふと、「おれもやっとチイちゃんのおかげで人間らしくなったのだ」と思いました。


来海沢という集落は御前山の下にあります。対岸の栗倉からふりかえって眺めると、ふっくらと盛り上がった丘に茅葺きの家が並んで、背景はけわしくそそり立つ浦船山です。スイスのような風景だといつも思うのでした。

そこの神主さんと知り合いになりました。

「ムシトリスミレの花が咲くから見に来ないか」と誘われました。カメラを肩に張り切って出かけたのですが、

「地下足袋履いて来たか」と神主さんが言います。私のウォーキングシューズを見て不満そうです。神主さんの地下足袋は裏に鋲が打ってありました。おまけに脛の半ばまで厚い布がついています。

その神主さん、腕に何かの監視員の腕章を巻いています。なんだか監視員につかまって護送でもされるような気分でジープに押し込まれて走り出しました。

あれは浦船山の岸壁だったのかしら、岸壁の下にジープを置いて谷底へ下って行くのです。

しばらく歩くと雪のトンネルがありました。天井から雪解け水がしたたり落ちています。足元はぐちゃぐちゃの泥んこ。たちまちウォーキングシューズは水浸しになりました。

ふと足元を見てぎょっとしました。人骨がごろごろしています。この辺りは墓場ででもあったのでしょうか。立ちすくんでいると神主さんげらげら笑い出しました。

「ここで『楢山節考』の映画のロケをしたんだよ。おりん婆さんがおぶされてこの辺りに捨てられたんだ」

なるほどそう言われてつくづく見ると、骨は皆プラスチックでできていました。

再び残雪の上を歩いて岸壁の下に出ました。神主さんが指差す崖の真ん中あたりに薄い紫の帯のように見えるのがムシトリスミレの行列です。

足元は斜めの残雪の斜面です。首が痛くなるほどあお向いて上を見上げていると、目が回って今にも落ちそうになります。

そのうち崖から転がり落ちて来た褐色の塊がありました。拾ってみるとイワヒバの株でした。

「持って帰ったら良い」と神主さんが言いました。そのままにしておけばいずれ谷川に落ちて流されてしまうのです。

それにしても素晴らしい谷でした。少し離れた雪の消えたガレ場ではニッコウキスゲが蕾を持ち上げています。シロウマアサズキみたいなものが蕾を、ユキクラヌカボらしいものも穂を伸ばし始めていました。どちらも高山植物です。

その晩から何度もこの岸壁の夢を見ました。それほどに印象が強かったのです。

夏になりました。あのイワヒバの塊に異変が起きました。中から緑の葉を伸ばして薄紫の花が咲いたのです。思いもかけずウチョウランが小さいけれど美しい花を咲かせたのです。

学校の修繕に来る大工さんの家へ遊びに行きました。庭にパットを並べて中に鹿沼土をいれて何かの苗を植えています。

「ウチョウランだぞ」と大工さんが自慢げに言いました。

「いくらでも増える」と大工さんが言うのですが、私にはウチョウランなんて育てる自信がありません。いろいろ教わったのですが私のウチョウランは何時か姿を消して鉢の中はイワヒバばかりになりました。

「あんなもなぁ、いくらでも生えてる」と大工さんは言うのですが、良く聞いてみると谷川へ梯子を持って行って崖に這い上って採ってくるらしいのです。

昔、この谷ではむき出しの岩にムシトリスミレやウチョウランがたくさん育っていたもの

ウチョウラン

ムシトリスミレの断崖

だとお年寄りに教えてもらいました。また険しい岸壁にはシンパクも生えていると聞きました。時には一株百万円もするものもあるとか。

そんな岩場から仲間が転落して死んだと神主さんが言っていました。私は様々に空想しました。あの老人もそんなシンパク採りの一人だったのかもしれません。怪我をして助けられて住み込んでしまう。そんな事もありそうに思えたのです。不思議な不思議な海谷の物語でありました。

連想はどんどん発展して、昔、鈴鹿の宇賀渓という谷筋にウチョウランがたくさん咲いていたのを思い出しました。それは苦しい山旅でありました。

大学の研究室で鈴鹿山脈の植物調査をした事がありました。皆、若い学生です。ある日、私たちは体力にまかせて谷川に沿った尾根道を登って行きました。

初めは順調な登りでした。しばらく登ると木の生えていない広場があって、祠《ほこら》のようなものがありましたが、ここから先は道がなかったのです。

灌木をかき分けて登って行くと狭い道が見つかりました。見るとイノシシらしい足跡があります。十メートルほども進むと道が切れました。右と左に別れて道を探すと、イノシシの足跡のある道が見つかりました。どうやらイノシシの道はこんなふうに切れ切れに続いているらしいと気がつきました。

そのうち仲間の一人が悲鳴をあげました。腹のあたりにヒルが吸いついて、指ぐらいの太さに膨れていたのです。ヒルをちぎると、どっと血が出てシャツが真っ赤になりました。足元を見ると爪楊枝ぐらいのヒルが頭を持ち上げて這っています。夢中になって上へ上へと藪こぎ続けました。

しばらく進むと頭の上に峰が庇のようにせり出しています。もう登れません。

この時、仲間の一人が崖を滑り落ちました。はっと息をのむ瞬間、彼は腹這いになって止まりました。とっさの時には声など出ません。時間は午後をずいぶん過ぎています。今更引き返すことなどできないのです。谷へ下りる覚悟を決めました。

それでも何とか無事全員谷川に下りました。脱水症状になっていたらしく谷川の水をいくら飲んでも喉の渇きは止まりませんでした。

宇賀渓のキャンプ場には若い夫婦が二人でやっているお店が一軒ありました。電気が引かれていないので夜はガス灯の明りです。二歳ぐらいの女の子が一人いました。キャンプ場にはシャワーも風呂もありません。夫婦は風呂を沸かして私たちを無料で入れてくれたのです。

谷川から無事に帰った晩、夫婦は私たちを呼んでパーティーを開いてくれました。

苦しかった山旅と夫婦の親切を私は何時までも忘れませんでした。

「日本花の旅」を新聞に連載するようになって、私はいつかこの親切な夫婦の事を書こうと思っていました。

今年の春、私は重い腰をあげて鈴鹿へ向かいました。カーナビを持たない私はずいぶん道に迷いましたが、それでも翌日の午前中に宇賀渓に着いたのです。広い駐車場を囲んで食堂やら旅館やら土産物のお店が十軒ほどありました。私は懐かしいあのお店を探したのです。あの頃は赤土の道と僅かな広場だった所がすっかり桜並木に変わり緑に覆われてしまっていました。

ごみ収集車が走って来ました。ぼんやり立っていると私の車の長岡というナンバーが珍しかったのか、助手席のおじさんが降りて来ました。

「あの家が一番古いよ。だけど最初の持ち主はどこかへ行って、今は経営者も変わっているよ」

でもあのセメント瓦のちっちゃな家は昔と変わらず立っていました。私は柱をなでてみました。何十年もの昔、たしかに私はそこにいたのです。
サクラの花びらがちらちらと散っていました。

カラタチバナの北限

もう五十年も昔の事でありました。新潟県は親不知《おやしらず》に近い市振《いちぶり》のあたりの街道を、五、六人の男達が歩いておりました。恐らくそうとう目の肥えた人でも、この集団の男達の職業を当てる事はできなかったに違いありません。

その証拠に、近くの駅の改札口で集団の最後に出てきた男は、不運にもお巡りさんに摑まって職業を聞かれておりました。何か不審な男が横行しているらしいと、情報でもあったのでしょうか。それも仕方のない事で、職業を聞かれた男はカーキ色の軍隊服にゲートル、地下足袋ばきでリュックを背負っておりました。そんな姿ではこの男の職業が高等学校の生物の教諭とはとても思えなかったのです。

そんな男達に、まだ二十歳くらいだった私も混じっておりました。私にとっては相手は皆、県内では指折りの植物学者先生たちで、私はその中のＹ先生の生徒という立場でついて来たのです。

この一行の目的は県境近いこの辺りにカラタチバナが自生しているという情報を得て調査

に来たのです。

道路は砂利道で、右手は断崖に生えた木々の枝越しに日本海が濃い青い色をのぞかせていました。左側は緩い斜面で僅かな灌木の茂る先は杉の林に続いています。

男達はその斜面に這い上がってカラタチバナを探そうというのです。

カラタチバナはヤブコウジ科の植物で、鉢植えにされているマンリョウなんかに良く似ています。ただマンリョウより葉がずっと細長く、多分に野生的な感じです。

分布は本州の太平洋側では茨城県以南、日本海側では新潟県以南とされていますが、新潟県でもここ市振付近にしか見られないといいます。だからこの辺りが北限ともいえたのです。

この一行の中では私が一番若いのですから、カラタチバナ探しは私が一番有利でY老先生の「探せ」の一声に真っ先かけて斜面を登りました。

じつは私はカラタチバナを見たことがなかったのです。そこでここ数日カラタチバナの図を何度も出して見てきました。だから駆け上がると僅かの間に目的のカラタチバナを見つけてしまいました。

「あったぞー」と叫ぶと、

「それは俺んのだぞー」と下でY先生が叫びます。

皆は一本のカラタチバナを取り囲みました。高さ三十センチ程の一本です。Y先生は得々として掘り採ったカラタチバナを胴乱に入れました。

この日、このカラタチバナ以外には一本も見つかりませんでした。

やがてこの一本の標本は上野の国立科学博物館の標本展に出品されました。今は博物館の標本館に大切に保存されています。

それからまた何年も過ぎました。道路の拡張工事で辺りの風景は一変しました。高速道路も海上に橋を架けるような形で走っています。あのカラタチバナのあった辺りはどうなっているでしょうか。あの時ほかには一本も見つからなかったのですが、その後どうなっているのでしょうか。

ある日、私はその辺りを歩いてみました。似たような杉林はありました。しかし道路が拡張されているのですから、あの時の杉林ではなさそうでした。

近くにお寺がありました。こればかりは当時と場所は変わっていません。裏山は木々が疎らに伸びています。その間をなんとか登れそうです。カラタチバナは生えていないでしょうか。本気になってずいぶん探したのですが一本も見つかりませんでした。

平成六年十月九日、この日、映画『男はつらいよ・拝啓寅次郎様』のロケが春日山で行なわれることになりました。寅さんシリーズの四十七作目です。

この頃、我が家はたて続けに老朽した家の改築を続けていました。古びた我が家でも長年住み慣れた家は簡単に壊せるものではありません。丁度半分だけ壊したところで、寅さんロケが始まってしまいました。ふた間しかなくなった我が家が寅さんの休憩所に当てられることになったのです。

山田洋次監督と寅さんこと渥美清さん、そのポン友・関敬六さんがワンカット撮り終える度に家族のかしこまっている隣の部屋でひっくり返って休んでいます。とくに寅さんはすでに癌に冒されていましたから、枕が放せません。昼休みには三人は床の間のかまちを枕に寝ていました。

そんな工事が一段落した頃、左官の親方が私をつかまえて言いました。

「旦那は百万両てえ植物をご存じですけえ」

「え、ヒャクマンリョウ」と私は首をかしげます。センリョウとマンリョウは良く知られている植物で鉢植えにして愛玩されます。これに因んでヤブコウジを十両、カラタチバナを百両という事があります。しかし、百万両というものは聞いたことがなかったのです。

「へえー、旦那でも百万両はご存じねえですかい。それじゃあそのうちお持ちいたしやしょう」親方そう言って帰って行きました。しかし、なにしろ気短かな親方の事です。もう翌日には自慢そうに鉢植えを持ってきました。

「これが百万両てえもんでごぜえます。千両や万両と格が違いますねか」

親方が持ってきてくれた百万両はカラタチバナに良く似ていました。私はあの日の市振で見たカラタチバナを思い浮かべます。なにしろ実物を見たのはあの時一度しかなかったのです。しかし葉が少し短めでどこか違います。だが、やっぱりカラタチバナとしか言いようがありません。カラタチバナを多少小ぶりに改良したものかもしれません。

そんなある日、下の村を歩いている時、石垣の石と石の間から見た事のある植物がのぞいているのを見つけました。

「カラタチバナじゃあないか」と私は驚きました。

夏になる度、近所のおじさんが草刈をします。

「草刈りサボりますとな、藪蚊が出ましてな」とおじさん散髪したみたいに綺麗にしてしまいました。無論カラタチバナもいっしょです。

しかし、翌年カラタチバナはまた伸び始めました。引っ張って抜こうとしたのです。それ

北限のカラタチバナ

親方のくれた百万両

で気がつきました。株はわりと大きいのです。ずいぶん昔から刈られ続けていたのでしょう。そのうちこの道は拡張工事で広くなりました。そしてあの刈られ強かったカラタチバナも姿を消しました。

それからまた何年かして今度は林泉寺の裏の愛宕権現への登り口で小さな株を見つけました。躍り上がらんばかりに喜んだのですが、権現さんの祭日の草刈りで姿を消しました。カラタチバナの赤い実はきっと小鳥たちに食べられて増えるのでしょう。どこかにカラタチバナの群落があるはずと思ったのですが、この年になってはもう藪こぎをしてカラタチバナを探す事は出来そうにありません。中学生の頃は「山猿」というあだ名だった私ですが……。

我が家の周囲は私が年を取ってから草茫々になっていました。最近マムシが出るようになりました。近所のマムシ捕りの特技を持つおばさんが取ってくれましたが、私が恐れて草取りをしないままに、ますます草が茂ってゆきました。

しかし冬を越して春になると、多くの草は枯れて広く地面が出てきます。

そんな春の日。見つけました。あったのです。カラタチバナの五、六本の株がなんと我が家の庭の隅に、五年も十年もの昔からそこにあったかのような顔をしていたのです。

その株の北は四メートルほどの崖になっています。その上に大きな群落があってそこから種がこぼれて落ちてきたのではないでしょうか。いやきっとそうです。昔なら簡単に這い上がれたその崖を眺めて私は空想するしかありませんでした。

そうです。そここそ日本のカラタチバナの北限地に違いないと思えたのでありました。

紅葉《モミジ》という女性

「お父さん草紅葉《くさもみじ》が綺麗」と家内が言いました。

「どこの?」と聞いたら、「テレビの」と答えました。テレビが紅葉する筈はありません。尾瀬の草紅葉が映っていたのです。最近こんなとんちんかんな会話がよく交わされます。お互い年をとったものです。

我が家の庭にモミジの木が五本ばかりあります。

「とっても綺麗」とTさんが褒めてくださいました。言われるまでもなく天下に自慢しても良いモミジと自負しているのですが、あまり褒めてくれる人はいません。霜枯れの頃、散り敷いた葉が真っ赤な絨毯のように見えるのも見事です。独りで眺めて楽しんでいます。

武蔵野酒造の三代前のご主人が子供の頃の思い出話をしてくださったことがありました。お父さんに連れられて春日山へモミジの木を植えに通ったと言われたのです。我が家の庭だけではなく春日山のあちこちに、秋になると真っ赤に色づくモミジが見られるのは皆同じ時植えられたのでしょう。このモミジは正しくはオオモミジで太平洋側に多いモミジです。ただし野生のオオモミジではなく、改良された園芸品種だろうと考えていました。どなたか「大杯《オオサカズキ》」という品種だと教えてくださった方がありました。不用意にオオサカズキと書いた名札をぶら下げたら、そんなモミジはあるまいと市役所に直訴した人がいました。以後名札は下げないことにしました。

春日山に自生するモミジはヤマモミジという種類です。この種類は日本海側に多いモミジですが、ここでは黄色になるだけで紅葉はしません。この同じヤマモミジでも妙高や戸隠など高所では真っ赤に色づきます。夜間に冷えて、昼間との温度差が大きい所では色づきが良いのです。そんな所ではチガヤやススキみたいなものまで赤く色づきます。それを草紅葉と呼ぶのでしょう。

春日山の場合、高原に比べて幾らか暖かいのです。ヤマモミジは紅葉しないけれど、少しぼけ気味の老人夫婦にはありがたい事でありました。

美しい紅葉が見たい時は戸隠まで足をのばします。時には鬼無里まで行くこともありました。

道端の小さな丘の上に大きな五輪の塔が立っていました。その下はキウイ畑で褐色の実が無数に下がっています。草むしりをしているおばさんがいました。

「おばさんキウイを売って」と頼んでみました。

「売れねえよ、こんなもん買って行ったって食えるもんじゃねえ」

キウイは採ってから一か月くらい寝かしておかなければ食べられないのだとおばさんに教えられました。

「そこの大きなお墓は誰のお墓ですか」と聞いてみました。

「ありゃ鬼の塚だ。ほれ紅葉のさ」

それで思い出しました。以前から私は全国の花に関する伝説を調べていたのです。その中に紅葉伝説もありました。しかし紅葉は人の名前で、植物のモミジではありません。だから記憶は薄らいでいたのです。

昔、この辺りに都を追われた紅葉《もみじ》と呼ばれる女が住んでいました。初め、妖術を使って里人の病気を治したりして喜ばれていた紅葉は、やがて様々な悪事をはたらくようになり、戸隠の鬼女と恐れられるようになりました。そこで平維茂《たいらのこれもち》が軍勢を率いて紅葉を攻め滅ぼしたという伝説で、これは謡曲「紅葉狩」としても良く知られています。

「十月二十日ごろ紅葉祭があるから来たらいい。長野の駅から臨時バスがでっからな」と

オオモミジ

鬼女紅葉の墓

おばさんが言いました。しかし日がきまっていると面倒で出かける気になれません。私のドライブはいつも突然思いつくのです。そのうち忘れてしまいました。

それでも、戸隠から鬼無里へは一年のうち何度かは出かけます。走っているうちに松巌寺というお寺を見つけました。境内に紅葉のお墓のほかに小さなお墓が十基ばかりありました。家臣たちのお墓だというのです。いずれも五輪の塔です。

紅葉とはどんな女だったのでしょうか。

鬼女と言われながら彼女がどんな悪い事をしたのか全く伝わっていないのです。村人は鬼の塚を作り、紅葉の墓を作り、菩提寺まできめて菩提をとむらっているのです。毎年祭までしてきました。

彼女は伝説などではなく、実在の人物ではなかったか。そして村人に尊敬され愛されていたのではないか。私は次第にそんなふうに思うようになりました。

私の頭の中で紅葉のイメージは変わってゆきました。

私は紅葉をこの土地の豪族の娘ときめてしまっていました。

父が亡くなった後、その跡を取り仕切ることになった彼女は、村人に愛され尊敬されていました。村はますます豊かになり、周囲の集落の人々も彼女の支配下に入ることを望むようになりました。

この頃、中央政権は辺境の地に権力を延ばそうとしていました。信濃の国の一角に豊かな国造りを進める紅葉の里が狙われたのは当然の事でありました。

討伐軍が国境に迫った知らせは紅葉にとって寝耳に水のことでした。とりあえず集まった軍勢をまとめて屋形を捨てた紅葉は裏の岩山の砦に籠ります。彼女は敵に侮られまいとして鬼女の面をつけて指揮します。しかし圧倒的な討伐軍の攻撃に、まるで風に散る晩秋の紅葉のようにことごとく討ち死して果てました。

こうして紅葉の怨念だけが村人に恐ろしいものとして語り継がれることになったのでしょうか。

私は鬼の塚をもう一度見たいと走っていました。しかし細い道がまるでモミジの葉脈のように谷間を走っています。カーナビを持たない私には、ぼけかけた勘だけが頼りです。そのうち黄色く色づいた木々がトンネルのように枝道を覆っている所に出ました。

車を降りました。

トンネルの少し先に茅葺きの農家があって、そこからお婆さんが二人出てきました。どうやら茶飲み友達が帰るので、この家のお婆さんが送って出てきたらしいのです。思わずシャッターを押しました。不用意にフラッシュが光ったのでお婆さんがこちらを振り向きました。そして私に手を振ったのです。それに答えて私も手を振りました。

私はその辺りでしばらく花の写真を撮っていましたが、あのお婆さんと話がしたくなりました。玄関へ入って、「こんにちわ」と声をかけてみました。しばらく待つと奥からお爺さんが出てきました。お婆さんでなかったので私は狼狽しました。仕方がありません。庭に生えているサワアザミらしいのを何と呼ぶか聞いてみました。お爺さんは、

「ミズアザミだな。戸隠じゃウシアザミというがの」と答えてくれました。

その後、写真を一枚撮らせてもらってから礼を言って外に出ました。裏庭にヤマシャクヤクが真っ赤な実をつけていました。そちらへ回って写真を撮っていると二人の会話が聞こえてきました。

「何だったえ」とお婆さんが聞いています。

「おれの写真を撮りよった」とお爺さんが答えました。

私はぬき足さし足で逃げ出しました。そしてふと思ったのです。あのお爺さんに鎧を着せてみたらどうでしょう。紅葉の家臣だって普段は田を耕す農民であったに違いありません。

「しっかり頑張っておいで」とお婆さんに励まされて鎧を着けたお爺さんが出て行きます。そんな武士団が中央の軍勢にかなうはずがありません。たちまち全滅してしまったのでしょう。

戸隠は今紅葉の最も美しい季節でありました。

紙漉きの里

新潟県東頸城郡《ひがしくびき》松代町海老《かいろう》へ私が通い始めてからもう四十年にもなります。そこは家内の父親の生まれた所でありました。山また山の海老から師範学校を卒業するためには大変な努力が必要であったと思われ、その意味では立志伝中の人物といえそうでありました。

しかし私が訪ねた頃は生家はすでになく、石で囲まれた大地にまだ若いキリの木が何本か生えていました。誰かが土地を譲り受け、昔ながらの風習にしたがって女の子が生まれた時に植えたのでしょう。キリの木は赤ん坊が無事成長することを願い、お嫁入りの時にタンスに造って持たせるのです。

近くに家内のいとこの慎一さん一家が住んでいました。嫁さんを亡くして、娘さんが母親がわりに身の回りの世話をしていました。兄さんたちは二人とも都会暮らしで顔も見たことがありませんでしたが、中学生の妹さんがいました。

足拭きの雑巾を私の鼻先へぶら下げて、

「これアンギン布だと思うけど」と言うのです。私はびっくりして良く見ると、なるほど本物のアンギン布だったのです。もうアンギン布の織り方など知っている人はほとんどない時代です。後に私はこの家の蔵の隅から、真っ黒にすすけたアンギン織りの機《はた》を見つけ出しました。

その頃、この家にはお爺さんとお婆さんがまだ元気で生きていました。何回か昼御飯をご馳走になりました。まるで法要の後の精進料理のようにゴボウやレンコン、ニンジン、サトイモ、シイタケ、コンニャクなど様々な野菜を小さく切った煮物が、朱塗りの椀に山盛りに出されます。おかわりをと勧められると、食後は昼寝でもしなければ腹が堪りません。するとお婆さんは箱枕を出してくれました。その枕に厚々とした手漉きの和紙がかけてありました。コウゾの皮も細かくついた紙はまるで芸術品です。私が枕から和紙をはずしていると、「こんなんで良かったら持ってくがいい」と五十枚ほどの和紙を細縄で結わえたものを持たせてくれました。

ずっと後に慎一さんから古文書を見せてもらいました。その古文書には伊沢村と書かれていました。この辺りは昔、伊沢村と呼ばれていたのです。私が貰った和紙は伊沢和紙と呼ぶべきでしょう。ずっと後に刈羽の小国和紙は伊沢村から伝えられたものと聞いた覚えがあります。

私はこのお婆さんから苧《を》を績《う》むやり方を習いました。もっとも習ったといっても聞き書きしただけでありました。

まず機織りは苧を刈るところから始まります。近頃、公民館の人達がカラムシの事をアオソと教えていますが、山に住む人々はアオソなどとは言いません。「苧を刈る」と言います。春日山の近くの人達はヤマオと呼んでいました。刈った苧は蒸して皮を剝ぎます。それを木の台にのせて火打ちがねのようなものであま皮をこそぎ落とします。これを「苧くそ掻き」と習いました。うんと昔はこの苧くそを乾燥して綿の代わりに布団の中へ入れたのです。こうして取れた皮はアサに比べてずいぶん薄く、アサより弱いのですが薄い布に織ることができます。だから越後上布《えちごじょうふ》と呼ばれたこの布は華奢で上品で、都びとに喜ばれたのでしょう。

お婆さんは取り出した繊維を爪で細く細く割きます。それを指に唾をつけて撚ってゆきます。つなぐときも端と端を併せてやはり唾をつけた指で撚って長くしてゆきます。こうしてできた糸は十センチほどの小形のめんぱに八の字を書くように入れます。苧の唾が乾燥しないためなのでしょう。糸が長くなると苧桶に入れ、つぎに、がわ巻きに巻き取ります。

ふと、私はツバメが唾で土をこねて巣を作ったり、ハチが唾液で巣を作ることを思い出していました。お婆さんが一反の布を織るのにどのくらいの唾を使うのでしょうか。生きもの

コウゾ

野良帰りのおばちゃん

の営みは、皆同じように思えてきたのです。

その頃、お爺さんはすっかり弱っていました。「そのうちお迎えが来るかもしれません」とお婆さんが言っていましたが、少しも悲しんでいる様子がありません。仏様を信じて安心しきっていたのでしょう。間もなくお爺さんもお婆さんも亡くなってしまいました。

紙漉きのことは慎一さんに習いました。そればかりでなく紙漉きの道具も一式貰いました。もっとも機織りの道具もいざりばたと共にみんな貰いました。

紙はコウゾの皮で作ります。一口にコウゾといっても春日山のものはつぶつぶの実がなります。食べると美味しいのですが、実に鉤があって、これが舌にひっかかって酷い目にあった事があります。そんな実のなる方を最近はヒメコウゾといっています。コウゾの方は実のなることはめったにありません。カジノキとヒメコウゾの雑種で、この方が紙漉きに多く使われているようです。恐らく海老のものもこのコウゾなのでしょう。

コウゾは山際の荒れ地で充分育ちます。これを刈り取って皮を剥きます。剥いた皮は雪の上に晒すと聞きました。

この皮から紙を漉くときは、釜で茹で、充分柔らかくなったら石の上で木槌で根気よくとんとんと、ドロドロになるまで叩きます。学校から帰ると毎日叩かされたものだと舅《しゅうと》殿は言いました。そのドロドロのものを水の入った舟（桶）に入れますがＢ４ほどの大きさの紙しか漉けません。

紙の繊維をつなぐために糊料を入れます。海老ではトロロアオイの根を砕いて布の袋に入れ、舟の中に浸して使っていました。トロロアオイは黄色い美しい花を咲かせます。野菜のオクラを連想していただければよいのですが、オクラの花をうんと大きくしたような花で、実もなりますが、オクラの実をずんぐりさせたような形をしています。残念ながら最近はトロロアオイの花はほとんど見られなくなりました。

漉いた紙は張り板で乾燥してから化粧裁ちをします。台の上で定規を当てて、紙切り包丁で周囲を切り落とします。切り落とされた紙は幅五ミリくらいしかありません。

その切り屑の紙を舅殿は私の鼻先に突き出しました。そして言ったのです。

「この紙の切れ端を何に使うと思うかね」

もちろん私には分かりません。

「この紙屑を円盤のように丸くしてこれで尻を拭いたのさ」

「あっ」と私は驚きました。まさか尻拭きに、いやトイレットペーパーに使うとは思ってもみなかったのです。

「うちは紙を漉いていたから、紙で拭けたが、ほかのうちは藁をすぐって叩いてそれで尻を拭いたもんだ」舅殿は何やら自慢げでありました。

次章から私の長い長いおトイレ紀行が始まります。どうぞ鼻をつまんでお読みください。

フキの葉でふく

千家元麿の詩に「車の音」というのがあります。初めてこの詩を読んだ時、私は不思議な感動を覚えました。

夜中の二時頃から
巣鴨の大通りを田舎から百姓の車が
カラカラカラカラと小さな乾いた木の音を立てて、無数に遣って来る。
勢いのいいその音は絶える間もなく、賑やかに密集して来る。
人声は一つも聞こえない。何千何万としれない車の輪の、
飾り気のない、元気な単調な音ばかり
天から繰り出して来る。

以下は省略しますが、昔の詩ですから中に不都合な言葉もあります。お許しいただきま

しょう。やがて明け方、車の音はかき消すように聞こえなくなるのです。元麿はこの車の正体については一言も触れていません。

しかしこの音、じつは近郊の農家の人達が肥桶を積んだ車で下肥を買いに来る音だったのです。

昔、江戸には百万を越す人々が住んでいました。その大量の下肥は周辺の村々に運ばれていったのです。特に大名屋敷の下肥は良質のものとして名主クラスが独占していました。江戸城へナスなどの野菜の苗を納める名主は権力を持っていたのです。下肥は無料ではありません。農民がお金を払うこともあったのです。時には薪や炭、野菜などと交換することもありました。

面白いことに江戸の長屋はそれぞれの家にトイレはありません。共同のトイレだったのです。家の中にトイレを作らない事は衛生上賢明でした。

若い頃、会津若松の友人の家に泊まったら、トイレが中庭に作ってあって驚いた事があります。

中国旅行での昼時、食堂でトイレを貸してと言ったら、裏庭を指差しました。食堂自体にトイレがないのです。出てみるとトイレらしい建物があって、近所の子供がちり紙片手に走って入って行きました。大変な悪臭で、その匂いに引きつけられたコヒオドシという蝶が集まっていました。覗いて見ると大の方に扉がありません。

無論、ホテルには立派なトイレがあります。部屋には日本のホテルのようにバスとトイレがついています。フロントのあるホールにも大きなトイレ室がありました。このトイレ室に入って驚いたのは、中に白衣を着た大柄な男の人が立っていたことです。私を見ると「どうぞどうぞ」と手で便器を指して勧めます。用をすませて水で手を洗って出ようとしたら摑まってしまいました。洗剤を手に取って洗って見せ、私にも洗えと言うのです。中国にはトイレ係りがいたのです。

海音寺潮五郎の『平将門』の中に、将門が用を足す場面があります。そのトイレは下が豚小屋になっていて、人の落としたものを豚が食べるようになっていたのです。この風習は東南アジアに今も残っているといいます。

中国の赤土の丘を歩いていた時のこと、はるか遠くを白い小さな動物が牛を追って行くのを見ました。双眼鏡で覗いて見たら、白い小さな動物は豚だったのです。ひょっとしたらあれも牛のものを豚が食べていたのかもしれません。

国によってトイレも様々です。シアトルの空港でアラスカ行きの飛行機を待つ間、用を足そうとしたらステンレス製の丈夫な扉がついていました。しかしこの扉は膝から下が丸見えです。立つと肩から上が出てしまいます。テロリストがたてこもっても撃ち殺す事ができるのだと聞かされました。

大昔、イギリスのロンドンもご他聞にもれず、トイレ事情は良くありませんでした。高貴なご婦人は裾が大きく広がったスカートをはいています。用を足す時は召使いの差し出した桶をスカートの中に入れて用を足します。スカートが大きく行為を隠してくれるのです。その後召使いは二階の窓から中身を捨てたとか、捨てなかったとか。そんな匂いをかくすため香水が発達したとも聞かされます。無論、今はそんなことはありません。

さて、そんなヨーロッパはコイントイレがあちこちに見られます。コインを入れると扉が開き、閉めると鍵がかかる仕組みです。しかし、このトイレ、油断ができません。中へ入った時うっかりぱたんと扉を閉めようものなら、鍵がかかって閉じ込められてしまうのです。「ヘルプヘルプ」と叫んでも、次の人が外からコインを入れてくれないかぎり出ることができません。

「いいかね、あんたたち扉閉めちゃあ駄目だよ」と日本の中年女性が行列して順番を待つ仲間に叫んでいました。

「足か荷物を挟んでさ、次の人は扉を閉めないようにして入るんだ」

このご一行様、たった一枚のコインで全員用を足したのです。

そうロシアでは、あっ、いやこのくらいであきれられないうちに止めましょう。

フキという植物はお尻を拭くところからフキという名になった、と書かれた本を読んだ記憶があります。私は海老育ちのお舅さんの「良く叩いたすぐりワラを饅頭の皮みたいにしたもので拭いたもんだ」という言葉を思い出していました。フキの葉で拭いた方がずっと良さそうです。

思えば図鑑の植物でも、地方に伝わる植物名の方言でも、フキとついているものは昔お尻を拭くのに良さそうです。マルバダケブキ、トウゲブキ、ツワブキ、タマブキ、ノブキなど、方言でもオタカラコウのことをウシブキといいます。オオバギボウシは方言ではギンブキ、またはゲンブキです。クロフキというのはカンアオイのことでした。

しかしフキという名前は富貴という言葉から始まったとする考えも広く残っています。

紀州地方にこんな唄が残っていました。

家の背戸にはミョーガとフイキ
ミョーガとフイキ
ミョーガめでたいフイキ繁盛

ですから、人前で不謹慎にフキは拭きです。などとむやみに言えません。

映画の中では旗本退屈男や丹下左膳がばったばったと人を切り、その後ふところから厚々とした懐紙を出して血刀を惜しげもなく拭いて、ぱっと捨てたり、吉原の花魁が口に薄紅色の紙をくわえていたりするのですが、そんな贅沢な事を裏長屋の熊さんや八っつぁんにできるはずがありません。

しかしお尻を植物の葉で拭いたのだろうという私の文化論は誰ひとり賛成者のいないまま時間だけが過ぎてゆくのでありました。

フキ

コヒドオシ

佐渡ケ島

佐渡のＳ博物館長と知り合いになりました。この館長の癖は毛のないピカピカの頭をなでながら話をすることで、だからこの人と旅をしてもきっとケガはしないに違いありません。私はこの人から佐渡の蕎麦《そば》の話をずいぶん聞きました。

佐渡では晴れの日はうどんを出します。晴れの日というのはおめでたい日のことで、お祝いの席にはうどんが振る舞われます。そのあたりＳ館長はちょっぴり不満のようでした。佐渡の蕎麦は一段低く見られていたのです。

館長は蕎麦打ちの名人でありました。

蕎麦粉は佐渡の痩せた畑で取れた蕎麦の実を石臼でゆっくりと挽きます。動力を使うと熱が出て蕎麦が美味しくなりません。こうして挽いた蕎麦粉にはつなぎを入れる必要はないのです。

どんぶりにはたれを用意しておきます。たれのだしはアゴを使います。たれというのはつゆの事ですが、アゴは飛魚の事で、生きのいい飛魚を背開きにして三日ぐらいいぶし、燻製にします。これでたれを作りますが、特製の醤油に酒と味醂で味をつけます。砂糖はけっして使いません。

切った蕎麦は火力を強くして三十秒で茹で上げます。洗う水は冷たくなくてはいけないのですが、館長は、

「釜どり鍋どりが旨い」と言いました。たれを熱くしてどんぶりに入れておき、茹で上がった蕎麦を直接どんぶりに入れるのです。

「この蕎麦を食べるのは暑い夏にかぎる」と館長は言いました。きっとフウフウ言いながら食べるのでしょう。

佐渡の薬味は大根おろしとすり胡麻が良いと館長は言います。所によっては大根を千切りにして茹でて、これを蕎麦の上にのせ、黒胡麻を入れたつゆをかけて食べることもあり、これもなかなか美味しいと教えてくれました。

「こんなとき飲む酒は冷やが一番いい」と館長はいかにも通らしく言いました。

だしはアゴを使うという話を先ほどしたのですが、どこまでもこだわりの館長、自分で漁船を買いました。アゴを自分で捕って、アゴの燻製を作るためだったのです。

ある晩、小木の赤提灯で一杯やってご機嫌の館長、隣にかけている男と意気投合しました。

「わしゃ船頭や」と館長が言いました。

「わしも船頭や」と男も言いました。後でもらった名刺を見たら豪華客船「飛鳥」の船長だったのです。

館長ツルツルと頭をなでました。

後日「飛鳥」を訪ねて大歓迎された話はいつかすることにいたしましょう。

この博物館長、毎年新蕎麦が採れると、北方文化博物館のE館長に頼まれて新蕎麦を打ちに本土へやって来ます。しかし、残念ながら私はまだ食べさせてもらったことがありません。

佐渡へ私は何度も何度も行きました。初めの頃はテントを持って行き、放浪者のような旅をしました。まだ炭焼きの盛んな頃で、炭焼きのために山へ通う人達にたくさん会いました。ドンデン山の近くの発電所に泊めてもらった思い出があります。お礼に五十円置いてきたのですから、ずいぶん昔の話です。

ずっと後に、東京の植物仲間を案内して、大野亀のトビシマカンゾウやドンデン山のシラネアオイなどを見に行きました。そんな時は前もって下見に行きます。ジープに乗って、カーフェリーで出かけたのです。

佐渡は順徳天皇の史跡が各地にあります。相川町の二見という所に順徳天皇がお弁当をお召しあがりになったという記念碑が立っていました。その時の梅干しの種が芽を出したという梅の木も茂っています。その石碑の前にお婆さんが三人、腰をかけていました。朝からずっとそうやって世間話をしていたのでしょう。三人のお婆さんに聞いてみました。

「ここのうちはな、屋号権太郎いうてな、順徳さんの使いなさった煙草入れとキセルが伝わっとると」と自信ありげに一人のお婆さんが言いました。すると隣のお婆さんが皮肉っぽく、「おめえ見たことあるけ」と言います。お婆さん正直に「見たことね」と答えました。するともう一人のお婆さんも「見たことね」と言います。三人とも「見たことね、見たことね」と繰り返しました。

ぽかぽかと暖かい春の佐渡路です。道端に白い花のタンポポが咲いていました。ダイコンの花も満開です。

私は小木まで走って博物館を訪ねることにしました。あのピカピカ頭の館長さんの博物館です。民具の並んだ陳列ケースの前を私はゆっくり歩いていました。

ふと奇妙な説明を見つけました。展示品がなにもないのに説明だけが掲示してあるのです。そこには「昔のトイレットペーパー」としてこんな事が書いてありました。

今のトイレットペーパーの代わりとして一般に良く使われていたのは、内三崎では藤の葉、外三崎では藤と柏の葉である。それらは一旦塩水に漬けて柔らかくしたものを使う。イチジクの落ち葉も痔に良いというので多くの地域で使われていた。

また藤や柏がないところでは柿の葉もやむなく使われていたようである。小木三崎でも他の集落ではないようだが琴浦ではナワを二寸位に切って使っていた家もある。

昔といっても戦前までは山の村はきっと木の葉や草の葉を使っていたろうというのは、松代町生まれの舅殿の言葉から推測はしていましたが、こんなにはっきり書かれているのを見るのは初めてです。すっかり嬉しくなりました。

しかし腑に落ちないことが一つあります。フジの葉は親指の頭ほどの大きさしかありません。あんなものでお尻が拭けるのでしょうか。

私は事務室へと向かいました。あのピカピカ頭の館長がいたら聞いてみようと思ったのです。しかし館長の姿がありません。二十歳前後の娘さんが三人ほど事務室で笑い声をあげて話しています。最近は若い女性の学芸員が多いのです。若い娘さん相手にお尻を拭く植物の話をするのはそれこそはばかられます。私はあきらめて小木の港へ向かって走り出しました。

トビシマカンゾウ

クズ

しかし家へ帰っても気になって仕方がありません。ついに博物館宛に質問の手紙を書きました。するとやがて親切な返事が届きました。

「あの説明は佐渡の植物の生き字引とも言われたIさんの説を掲示したものですが、フジというのは佐渡の方言でクズのことをいいます」と書かれていたのです。クズは秋の七草の一つですが、小葉が三枚で一枚の葉になっています。この小葉なら十センチほどの大きさがあります。充分使用に耐えるでしょう。

私はすっかり安心しました。しかしこの話はまだまだ発展してゆくのでありました。

大井沢の村

私のノートには様々なことが記録されてゆきました。八丈島ではアジサイの葉を昔はトイレで使ったと、これはテレビで知りました。そのうち安江のKさんから九十七歳のお母さんに聞いた事だと、次のように電話で知らせて頂きました。

出雲崎ではフキの葉とフジの葉を使っていたというのです。この場合のフジはやはりクズのことでしょう。こうした葉はそのままでは冬は使えません。佐渡と同じように土用の頃、海水に晒し、しなやかにして、枯らして束ねて貯えておいたといいます。

同じ電話で豊栄市では川の藻を干してあったので聞いてみたら、これもお尻を拭くのに紙の代わりに使うのだと教えられたとのことでした。思うにこの川の藻というのはセキショウモの事でしょうか。セキショウモは子供の頃、魚釣りをして遊んでいた時、川底に緑の細長い水草がヒラヒラとなびくのを見た覚えがあります。今は農薬の被害を受けてほとんど見ることはありません。きっとまだほかにも多くの種類の葉がお尻を拭くのに使われたに違いありません。

ところで、こうした尻拭きに使われる植物の葉のことを何と呼ぶのでしょうか、何とちゃんとした用語があったのです。『佐渡海府方言集』という本があります。この中に「カキン」という言葉が載っていました。

「カキン　藤や柿などの葉を潮に浸けておき尻ぬぐいの料とするもの」と書かれていたのです。

山形県の寒河江から湯殿山に向かう国道一一二号線を西へ走って途中から別れて大江西川線に入ると、やがて民宿のたくさん並んだ大井沢の村に着きます。私は村と書きましたが地図の上にはそんな村はありません。しかし、寒河江からの国道が通じるまではこの民宿街は、湯殿山詣での人達で賑わっていたのです。ここの民宿は湯殿山の先達たちの経営でした。

初め私は道に迷ってこの村に出てしまったのです。真夜中に家を出たのですから、ここへ着いた時はまだ午前十時頃でした。民宿はどこもお客が帰った後ですから、玄関が開いていたのですが、並んでいる民家はどこも戸を閉めています。

そんな間で軒先に山野草の鉢を並べているお店がありました。近頃の観光地ではこんな山野草を売る店が増えているのです。中を覗くとたくさん鉢が並んでいます。戸を開けようと引いてみましたが開きません。すると後ろで、

「まだ開きませんか」と女の声がしました。振り返るとエプロンをした女将らしい女性です。

「山菜の呼び方を知りたいのです」と言うと、

「少しぐらいなら私にも分かります」と言いました。

私はノートを出してしばらく植物の方言を聞いたのです。別れるとき彼女は、

「私のところも民宿をやっております。お泊まりなら」と水を向けられました。しかし私は、これから湯殿山へ参りますからと車を走らせたのです。けれどこの事はずっと後まで後悔することになりました。それというのもその後、何度も大井沢を通って泊まろうとしたのですがいつも断られたのです。

ある年の秋、やはり大井沢で宿泊を断られた後、しばらく寒河江近くまで走ってからガソリンスタンドで、近くに民宿がないか聞いてみました。するとスタンドの主人が「この先の信号を左へ曲がると民宿がある」と教えてくれたのです。

なるほど「出羽屋」という看板を掛けた木造の旅館がありました。早速中へ入って部屋が空いているか聞いてみます。すると出てきた仲居さんは愛想良く部屋へ通してくれました。お茶を出してくれて落ち着いたところで、仲居さん、

「相方はだれをお呼びしますか」と言ったのです。私はすっかり慌てました。

「いえ、あの今夜一晩泊めて頂きたいので」としどろもどろです。

「あら、お泊まりのお客さんだったんですか」と仲居さん、怒ったように言って二階の部屋へ連れて行きました。どうやら芸者遊びの客と間違えたらしいのです。

場違いな料亭らしい所へ迷い込んでしまった事ですっかり気が滅入ってしまっているのに、一時間ほど待っても誰も上がって来ません。それでも外がすっかり暗くなって少し眠くなった頃、食事が運ばれて来ました。

まずは食前酒です。ヤマブドウの果実酒、コクワ（サルナシ）の果実酒、マタタビの果実酒と三種類の果実酒が三つのグラスに入れて運ばれて来ました。それを飲むと少し元気が出てきました。案外、東北の山菜料理が堪能できるかもしれません。

ノートを出して身構えます。続いていろんな山菜が小さな入れもので並びます。

ソバの葉の芥子和え、スベリヒユの煮物、ミズ（ウワバミソウ）とアケビの芽、ナンマイ?のお浸し。ホウキモタシとコウタケとマスタケの煮物。ウサギの肉とユリ根、トビタケ、ブナカノカ（ブナハリタケ）、サワモタシの煮物。汁の実はろくじょう（六条豆腐のこと）。

この間出てくる料理の素材をいちいち質問するものですから、ついに仲居さんは降参して料理長と交替します。しかし、料理長も困ったのがナンマイで、私が「ナンマイという植物は存在しない。方言に違いないから和名を教えて」と頼むと、「明朝、宿の主人が来たらお聞きください」と逃げ出しました。

さらに延々と料理は続きます。

芋煮鍋の中はシイタケ、牛肉、サトイモ、ワラビ、ゼンマイ、シメジ。たまご蒸しはミョウガ、ホウキモタシが入る。ソバムギの薄醤油の中にはナメコ、シメジ、ブナタケ、ホウキモタシ。てんぷらはキクの花とキクの葉、マイタケ、アケビの実の皮、タケノコ、シイタケ、これに茅ショウガが添えられています。漬物は、〝やまつけ〟と聞いたのですが、これにはアケビ、ミズ、コゴメ、ヤマウド、キク、キクラゲ、ヤマユリ、フキなどいろいろ漬け込んであるといいます。

この晩、私の貧弱な胃袋は明け方まで悲鳴をあげ続けておりました。

さて翌朝、帳場へ行ってみると、いかめしい顔の主人が座っています。

「ナンマイは何という植物でしょうか」と聞いてみました。

「ナンマイはナンマイだ」と主人です。

「君らの言う標準語は誰が決めたのだ」と息巻きます。

「ナンマイはナンマイでここでは通じるのだ」

「どんな植物でしょう」ともう一度聞いてみました。

「リョウブのような植物だ。リョウブを知っとるか」と聞きます。

「知っている」と答えると、

「リョウブは飢饉の時食べる山菜で、普段の年は採ってはいかんのだ」と言いました。そういえば昨日はリョウブは出ませんでした。なにかうまくごまかされたような気がしました。後で東北の山菜という本でナンマイはミツバウツギと知りました。大井沢の民宿も同じような山菜料理を出してくれるのでしょうか。

毎月の東京の会で峰岸さん夫妻と仲良くなりました。二人とも東北弁なので親しみを感じていたのですが、話してみると夫妻は大井沢の出身だといいます。峰岸さんは絵描きで湯殿山の先達の家に生まれたのです。奥さんの利代さんは東京で画家になっていたご主人の所へお嫁に来ました。

その利代さん初めての里帰りの日、土産にちり紙をたくさん持って帰りました。

「おとうもおっかあもこれで尻こさ拭いたら気持ちええっていうべな」和代さんそう思って得意になって帰ったのです。

ミツバウツギ

ウワバミソウ

しかし、おとうはカンカンになって怒りました。

「こんげなきたねえもんで尻こさ拭くでねえ」

「畑さこえ（肥え）まいたら、紙こさでえご（大根）さくっついて汚くてなんねべ。でえいちみっともなくてなんね」おとうにこっぴどく叱られたと画伯夫人は笑いました。

やがていやもおうもなく、紙で尻を拭く風習は村から村へと広がって行きました。いつしか人々は、かつて尻を拭いたその草の葉の名前さえ忘れたのでありました。

風の森

十九歳の春、東北へ修行に出ました。初めての独り旅です。どんな花が咲いているか、どんな人に出会うのかと期待に胸を膨らませていたのです。

身を寄せた神社は東北一の宮と称された塩竈《しおがま》神社です。その神社の裏には広大な森が広がっていました。樹齢千年を越すかと思われるばかりのスギやヒノキが生い茂っていたのです。何十ヘクタールともしれない森林は、はるかに離れた海上から眺めても黒々と横一文字に並んで見えました。だから漁民はこの山を一森山《いちもりやま》と呼んだのです。

そうして、「わしら死んだら魂はあのお山さ帰るのだ」と言い伝えていたのです。

遙かの大昔、天孫降臨がおこなわれた時、道案内をしたのが猿田彦命《さるたひこのみこと》でありました。現在お御輿の先に立って足駄を履き、矛をついて天狗の面をつけた神様が先導して行きますが、この姿が猿田彦命の姿です。思うに天孫の道案内をし、従うということは土着の神様にとっては土地を取り上げられる事のようにも思えます。命は塩土翁神《しおつちおじのかみ》の別称で一族を率いてこの地にやって来ました。そしてすなどりを教え、藻塩焼の法を教えたのです。

いつしか人々はこの神様を一森山に祀り、塩竈神社と呼ぶようになりました。だからこの神様の一族につながる自分たちは、とうぜん死後はこの山で祖先と一緒に暮らすのだと皆信じているのです。一森山は魂の森でありました。

さて、修行に出された私の事です。

朝は五時に起こされて社務所、拝殿、境内などすべての清掃に始まり、一日の実習、授業が続きます。ところが当時はサマータイムが実施されていましたから、朝は実質には四時の起床で、したがって午後三時には一日の日課が終わってしまうことになります。だから午後三時以後は自由時間になりますが、植物を見るのも目的でこんな所へやって来た私ですから、胴乱を肩に一人森の中へ入って行くのです。

私にとって未知のこの広大な森林には、縦横に細い道が通っていました。しかし不思議とこの道には草が茂るということはありませんでした。そして二年間この道を歩きながら私は誰にも会うことはありませんでした。魂が通う道でしょうか。風だけがひょうひょうと吹き過ぎていたのです。

私は毎日この道あの道と、道を変えて歩いて行きました。森が尽きるといろんな所に出てしまいます。ある時は坂に続く町並に出ることがありました。夕陽がこの坂の町を真っ赤に照らしていました。別の日は麦畑に出てしまいました。雀を追う子供達の「ほーほー」という声が聞こえていました。

ある時、池の岸に出たことがありました。それほど大きな池ではありません。池の回りに奇妙な木々が立ち並んでいました。木はヤナギであることは私にも分かりました。幹は二メートルばかりのところで切られ、その上に枝が箒のように茂っていたのです。何ヤナギか一枝持って帰って調べてみようと私は思いました。枝を切って胴乱に入れました。

その時です。

「柳泥棒！」と胴間声がひびきました。その時になって池の岸に小さな小屋があった事に気がつきました。小屋から転がるように老人が飛び出してきました。そして、あっけにとられている私の襟首をつかんで引き据えたのです。

「いつも柳の枝を盗むのはお前だろう」と老人は言いました。そして老人とは思えない強い力で私を小屋の中へ引っ張って行ったのです。

そのヤナギは柳行李を作るために植えてあったのです。

「どこの何やつだ」と老人は興奮で震えていました。

私は胴乱を開けてヤナギの枝を返しました。行李など作れそうもない三十センチばかりの枝でした。同時に先程から歩きながら採ってきたいろいろな花も転がり出たのです。どう見てもそれは柳泥棒の持ちものではありません。

「お山で修行している者です」と私は言いました。それは一森山の神様の所の見習いであることを意味しています。この老人もまた、死んだら魂はお山へ行くのだと信じているのです。老人の顔に困惑の色が浮かんでいました。しかし頑固な老人は一言もすまなかったとは言いませんでした。

しかし、私の体をあちこちさすりながら、

「かばねはなどもねがったかや」と繰り返していました。

それだけで充分でした。私は黙ったまま老人に頭を下げて小屋を後にしました。

魂の風は千年の古木の間の道にひょうひょうと吹いていました。

柳絮《りゅうじょ》という言葉を私は『広辞苑』で知りました。「綿毛を持った柳の種子が綿のように飛び散るもの」とあります。それがどんなものか想像するだけで何も分かりません。日本ではそんな風景に出合うことはなかったのです。

何年か前、私はロシアのイルクーツクの町を歩いていました。赤レンガの商店街は外から商品は見えません。扉を開けて中へ入って初めて品物が見えるのです。厳しい冬にガラスのショーウィンドウなどは何の役にも立たないのです。そしてまたこの町は教会の多い町でもありました。教会の壁にはキリストの巨大な顔が描かれていたりしたのです。

この町をさまよっていると、空から雪のような白いものが降ってきました。それが柳絮でありました。ただし、ここのものはドロノキ（ドロノキもヤナギの仲間）の綿毛のついた種子でありました。それは本当に雪のように見えたのです。ある所では屋根から落ちた新雪のように軒下に積もっていました。別の所では建物に囲まれた角の所で、風が渦を巻いて小さな竜巻のように柳絮が舞い上がっていました。手に取って見るとそれは白いすべすべした雪のようなドロノキの種子の綿毛でありました。しかし五、六日バイカル湖の船旅を楽しんだ後、ふたたびこの町へ帰って来た時には、すでに柳絮の雪は見られなかったのでありました。

イルクーツクの町を二分してアンガラ川が流れていました。そのアンガラ川の岸に私たちのホテルがあったのです。飛行場へのバスは真夜中に出るというので、私はそれまで眠らずに待つことにしました。

バイカル湖から流れ出した清らかなアンガラ川の向こう岸は緩やかな丘陵で、小さな家が並んでいました。夕闇が迫るとそれらの家に明りがともります。列車が明りを連ねて走って来て止まり、また走って去りました。それでそこに駅がある事が分かったのです。

私の年老いた友人にはシベリアに抑留された体験を持つ者もいました。ある老人はダモイ（帰国のこと）の列車がバイカル湖の岸を走るとき、月が美しかったと書き、ある老人はバイカル湖の岸に列車が止まったので日本海に着いたと大喜びしたものの、塩辛くない水に落胆したと書いています。バイカル湖とアンガラ川とイルクーツクの町は日本人にとって辛い苦しい思い出の所でもあったのです。

深夜のバスは飛行場へ私たちを送り、私たちは指定席ではない搭乗券を渡されました。空いている席があったら乗れというのです。空席が見つからなかったらダモイできないのかもしれません。私には座席が前に傾斜していてお尻が前にずり落ちる、テーブルもない壊れた席しか残されていませんでした。

この飛行機はモンゴルから飛んできたのです。前の男も横の男もどこかで見たことのある男達です。そう、社会科の教科書でお馴染みのジンギスカンそっくりの顔をしていたのです。無数のジンギスカンに取り囲まれて飛行機はウラジオストクに着きました。何か暗い印象のロシアの旅も、あの雪のような柳絮のおかげで美しい町に思えたのでありました。

ドロノキ

風の運んだヤナギの木

さて我が家の裏の機械が削りとった所にヤナギの木が生えました。一本はヤマネコヤナギ、もう一本はカワヤナギと思われます。この山の中へどこから飛んで来たのでしょうか。柳絮とまではいかなくとも、僅かな綿毛に風を受けて空を飛んできたのです。

ヤナギの木はいつの間にか三メートルほどの高さになりました。切ってしまおうかと何度も考えたのです。しかしヤナギにはコムラサキなどの美しいチョウも育ちます。

ヤナギだけではありません。カエデもスギも生えてきました。風が種を運び、風が育てた風の森でありました。

おわりに

この本は同人誌「文芸たかだ」に掲載された百七十三編の内、最近の二十二話を載せました。「文芸たかだ」への投稿は編集長吉越泰雄さんに声をかけていただき、平成七年十一月号（第二百二十号）から「雪国つれづれぐさ」と題して連載したことに始まりました。

この間、平成九年に第七回文芸たかだ同人賞を頂きました。拙文に対する皆様の温かいお気持ちが嬉しく、名誉なことと感謝しております。

会長藤林陽三様を始め、審査員の方々に心から感謝申しあげます。

私と植物との関わりは六歳の時、中学一年生の七つ違いの兄が、夏休みの宿題の植物採集を母に手伝ってもらっているのが羨ましく、真似て新聞紙に草花を挟んだ標本作りが始まりです。教員だった母から、サギゴケやイヌタデなどの名前を教わりました。

この本を母に見せたいと無性に思います。母は今、杉林の中の奥津城《おくつき》に眠っています。春は私の植えた赤い桃の花が咲き、近くのケンポナシの木に花が咲くと蜜蜂の羽音がワーンと聞こえます。

中学校に素晴らしい先生がいられたので植物に夢中になりました。十八歳の時、東北に修行に行きましたが、植物採集に熱中する私に修行先の宮司さんが、日光の高山植物園に勉強に行ってこいと旅費を持たせて出してくれました。修行はそっちのけの私でしたから、宗教人としては今も落第生です。

東京へ出てからは本田正次博士が会長をされていた植物友の会（現、日本植物友の会）の事務局長松田修先生の元で月報の編集などをやらせていただきました。この会は今でも理事の末席を汚させていただいています。

越後へ帰ってからは上越植物友の会の創設以来会員となり今日にいたっています。

ＢＳＮ新潟放送でラジオの原稿を二千数百回書かせてもらって、物を書くことを覚えました。同時にラジオに出演させてもらって、話すことも少しは上手になった気がします。

今はＦＭ上越や有線放送ＪＨＫでお喋りをし、上越タイムスで「世界花の旅」、「日本花の旅」など連載させてもらい、現在は「くびき野植物誌」を書き続けています。

私の沢山な友人たち、旅先で親切にしてくださった多くの人たちに感謝いたします。

この本の出版に当たっては、八坂書房の八坂安守会長さん、八坂立人社長さんにお世話になりました。また、編集部三宅郁子さんに仕事を進めていただき、『雪国 花ものがたり』と本の名前もつけていただきました。心からお礼申しあげます。

著　者

著者：小川清隆（おがわ・きよたか）

1930年上越市生まれ。

1960年東京農業大学卒業。

著書に『海辺の花』（社会思想社）、『雪国の植物誌』（八坂書房）がある。また、写真家として『日本の花』『野の花・山の花』『花ごよみ』『路傍の草花』（松田修著、社会思想社）、『萬葉の花』『源氏の花』（松田修著、芸艸堂）、『山菜の味』（酒井佐和子著、婦人画報社）、共著書に『野の花 山の花』（山と渓谷社）がある。

現在、日本植物友の会理事

新潟県生態研究会々員

上越植物友の会々長

文芸たかだ同人

春日山神社宮司

雪国 花ものがたり

2009年 3月25日　初版第１刷発行

著　者　小川清隆

発行者　八坂立人

印刷・製本　モリモト印刷(株)

発行所　(株)八坂書房

〒101-0064 東京都千代田区猿楽町1-4-11

TEL.03-3293-7975　FAX.03-3293-7977

URL.: http://www.yasakashobo.co.jp

ISBN 978-4-89694-928-5